实战
家电维修

图表详解
彩色电视机
维修实战

王学屯　编著

U0258680

化学工业出版社
·北京·

本书采用"图表"与"双色"结合的形式，详细介绍了彩色电视机的维修知识，主要内容包括：彩色电视机的系统组成、彩色电视机单元电路精讲、必备的维修工艺及技巧、彩色电视机单元电路检修技巧、故障分析与维修、品牌机典型应用及故障检修等。

本书内容实用性和可操作性较强，机型选取新颖常用，电路原理阐述详细，故障分析精细透彻，图表直观清晰，双色重点提示，读者学起来更加得心应手。

本书适合家电维修技术人员阅读使用，同时也可用作职业院校及培训学校相关专业的教材及参考书。

图书在版编目（CIP）数据

图表详解彩色电视机维修实战 / 王学屯编著 . —北京：
化学工业出版社，2017.8
（实战家电维修）
ISBN 978-7-122-30035-5

Ⅰ . ①图… Ⅱ . ①王… Ⅲ . ①彩色电视机 - 维修 -
图解 Ⅳ . ① TN949.12-64

中国版本图书馆 CIP 数据核字（2017）第 150182 号

责任编辑：耍利娜 文字编辑：陈 喆
责任校对：王 静 装帧设计：刘丽华

出版发行：化学工业出版社（北京市东城区青年湖南街 13 号 邮政编码 100011）
印 装：北京云浩印刷有限责任公司
787mm×1092mm 1/16 印张 14¾ 字数 360 千字 2017 年 10 月北京第 1 版第 1 次印刷

购书咨询：010-64518888（传真：010-64519686） 售后服务：010-64518899
网 址：http://www.cip.com.cn
凡购买本书，如有缺损质量问题，本社销售中心负责调换。

定 价：49.80 元

前言

由于电子技术的飞速发展，彩色电视机更新换代的速度也显著地加快了。目前的电视技术已经从超级单片机向高清数字电视发展。虽然近年来平板彩电得到了迅速的发展和普及，但在保有量上CRT彩电仍略胜一筹，从维修量上来说，大量超级芯片彩电已经进入维修时期，CRT彩电所占的维修比例也更高一些。因此，本书将内容重点放在超级芯片彩电上，注重基础维修知识的讲解，全面阐述了超级芯片彩电的基础知识、电路结构、工作原理、I²C总线调整方法、故障维修方法、经验、技巧等，根据超级芯片彩电的工作原理、特点和常见故障现象、维修特点，结合维修技能要求有针对性地展开讲解。

本书的最大特点、特色是：

① 全程图表解析，形式直观清晰，一目了然。

② 全程维修实战，直指故障现象，对症下药。

③ 机型常用，故障类型丰富，随查随用。

④ 双色印刷，重点知识、核心内容、信号传输及电源等突出标注，提高阅读效率。

本书适合家电售后人员或家电维修人员学习使用，也可作为职业院校或相关技能培训机构的培训教材。

全书由王学屯编著，王曌敏、高选梅、孙文波、王米米、王江南、王学道、贠建林、王连博、张建波、张邦丁、王琼琼、刘军朝、张铁锤、贠爱花、杨燕等为本书资料整理做了大量工作。在本书的编写过程中参考了相关的文献资料，在此，一并深表感谢！

由于编著者水平有限，且时间仓促，本书难免有不足之处，恳请各位读者批评指正，以便使之日臻完善。

编著者

目录

基础篇

实战篇

基础篇

　　彩色电视机维修既需要理论知识，又需要实际操作经验，而实际操作是建立在扎实的理论基础之上的，所以本书以"基础篇"开篇，主要讲述彩色电视机的理论基础，作为学习彩色电视机维修的预备知识。通过对本篇的学习，读者可以为下一步进行实际操作打下良好的基础，实际操作起来可以更加得心应手。

第1章

彩色电视机的系统组成

1.1 超级芯片彩色电视机的系统组成

➤ 1.1.1 超级芯片彩电系统组成

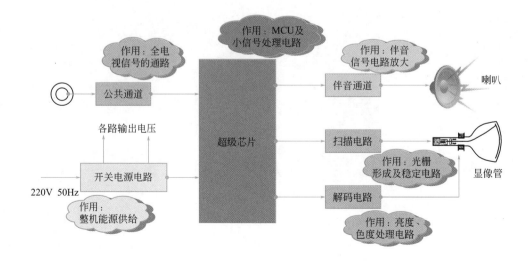

▶ 1.1.2 超级芯片彩电各系统组成主要作用

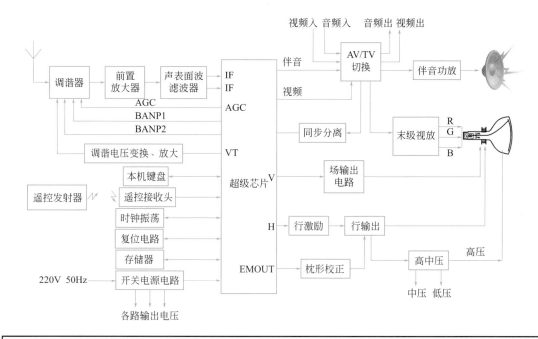

超级芯片彩色电视机各系统电路的主要作用
❶ 开关电源电路——整机能源供给电路
主要包括：消磁电路，抗干扰电路，整流、滤波和稳压电路等
彩色电视机的主电源基本上都是采用开关型电源，主要作用是把220V的交流市电转换成多路直流电压，供给整机使用，来保证各个单元电路的能源供给
❷ 超级芯片——MCU 及小信号处理电路
主要包括：CPU、I^2C 总线、音视频小信号处理电路、存储器、遥控发射器、遥控接收头、本机键盘和各种接口电路等
作用之一是为整机提供智能化的各种控制，是各种开关控制信号与合成电压信号的产生源；之二是为复杂的小信号各单元电路进行放大、选频、检波、解码及分离等处理
❸ 公共通道——全电视信号的通路，主要处理图像信号
主要包括：调谐器（高频头）、前置放大（预中放）、声表面波滤波器（SWAF），还有 MCU 及小信号处理电路、图像中放、视频检波、预视放、高放 AGC 等电路
❹ 伴音通道——伴音信号电路
主要包括：伴音功放、MCU 及小信号处理电路、第二伴音中放、鉴频等电路
伴音通道主要作用是对第二伴音信号进行去载并加以放大，最后驱动喇叭还原出声音
❺ 扫描电路——光栅形成及稳定电路
主要包括：场输出电路、同步分离、行激励、行输出、高中压、枕形校正，还有 MCU 及小信号处理电路、场振荡、场预激励、行振荡、行预激励等电路
其作用是为显像管提供线性良好、幅度足够的锯齿波电流，以及为显像管提供各种电压，保证电子束正常扫描——出现正常的光栅，从而显示良好的三基色图像
❻ 解码电路——亮度、色度处理电路
解码电路包含很复杂的四大部分电路，它由亮度通道、色度通道、副载波恢复电路及解码矩阵电路组成。
其主要作用就是将彩色全电视信号进行解码，得到三个色差信号，最后还原为三基色信号
除此之外，还有 AV/TV 切换电路、卡拉 OK 电路、显像管附属电路等

1.2 超级芯片 I²C 总线集成电路

1.2.1 I²C 总线集成电路

① 集成电路

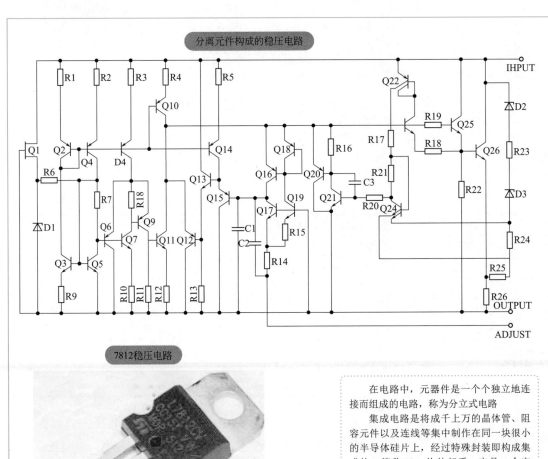

分离元件构成的稳压电路

7812稳压电路

一个元件，三个腿

　　在电路中，元器件是一个个独立地连接而组成的电路，称为分立式电路。

　　集成电路是将成千上万的晶体管、阻容元件以及连线等集中制作在同一块很小的半导体硅片上，经过特殊封装即构成集成块，简称 IC。从外部看，它是一个完整、独立的器件，而其内部实质上是一个较复杂甚至很复杂的电路。一个集成块配上少量的外围元件（这些元件暂时因技术原因难以制作在 IC 内），就可以完成电视机中的一个或多个单元电路的功能

② I²C 总线集成电路

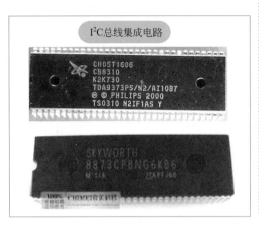

I²C 总线是英文 Inter Integrated Circuit Bus 的缩写，译为 "内部集成电路总线" 或 "集成电路间总线"，一般称为总线。I²C 总线是一种高效、实用、可靠的双向二线串行数据传输结构总线

I²C 总线使各电路分割成各种功能模块，并进行软件化设计。这些功能模块电路内部都集成有一个 I²C 总线接口电路，因此可以挂在总线上，很好地解决了众多集成电路与系统控制微处理器之间功能不同的压控电路，从而使采用具有 I²C 总线的微处理器与功能模块集成电路构成的电视机，没有调整用的各种开关和可调元器件，不但杜绝了非总线机中众多的微调元器件与开关因被氧化所产生的故障，而且还可依靠 I²C 总线的多重主控能力，采用软件寻址和数据传输，对电视机的各项指标和性能进行调整与功能控制

采用 I²C 总线控制方式的彩色电视机称为 I²C 总线彩色电视机，或简称总线彩色电视机

③ I²C 总线的特点

I²C 总线控制实质上是一种数字控制方式，它只需两根控制线，即时钟线（SCL）和数据线（SDA），便可对电视机的功能实现控制，而常规遥控彩电中每一个功能的控制是通过专用的一根线（接口电路）进行的。I²C 总线的主要特点如下

❶ 总线上的信号传输只需用 SDA 数据和 SCL 时钟两根线。时钟线其作用是为电路提供时基信号，用来统一控制器件与被控制器件之间的工作节拍，不参与控制信号的传输；数据线是各个控制信号传输的必经之路，用来传输各控制信号的数据及这些数据占有的地址等内容

❷ 总线上数据的传输采用双向输入（IN）/ 输出 (OUT) 的方式

❸ 总线是多主控，即总线具有多重主控能力，是由多个主控器同时使用总线而不丢失数据信息的一种控制方式，可以传输多种控制指令

❹ 总线上存在主控与被控关系。主控电路就是总线系统中能够发出时钟信号和能够主动发出指令（数据）信号的电路；被控电路就是总线系统中只能被动接收主控电路发出的指令并做出响应的电路

❺ 总线上的每一个集成电路或器件是以单一的地址用软件来存取，因此，在总线上的不同时间与位置上虽然传输着众多的控制信号，但各被控的集成电路或器件只把与自己的地址相一致的控制信号从总线上读取下来，并进行识别处理，得到相应的控制信号，以实现相应的控制

▶1.2.2 超级芯片 I²C 总线电路

① 超级芯片

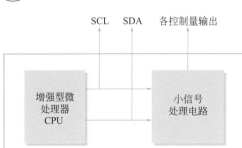

简单地讲，超级芯片 I²C 总线电路实际上就是将单片微处理器与单片电视机小信号处理电路封装在一起（在此之前的彩色电视机，这两个电路分别用的是两块集成电路）。这样，整个彩色电视机就几乎只用一块集成电路组装成，一般称为超级芯片 I²C 总线彩色电视机，简称超级芯片电视机。本书所介绍的内容，就是指这一代的彩色电视机

② 掩膜

微处理器是 I^{2}C 总线控制系统的核心部件，主要包括 CPU、只读存储器 ROM（程序 ROM）、随机存储器 RAM 及各种接口电路等，它的工作由中央处理器（CPU）控制，故也称为 CPU。

微处理器是经过许多制造工艺和采用一定制造技术制成的。首先是绘制微处理器的电路板图并制成特殊的照相底版，然后通过照相底版采用光刻录技术在硅材料芯片上光刻出微处理器的电路图，最后采用扩散工艺制造其中的 CPU、ROM、RAM 及各种接口电路。其中制作的特殊照相底版，在行业中常称为掩膜版或掩膜片（俗称掩膜），以便用一个掩膜版成批地生产某一种微处理器。

专业生产微处理器的生产厂家为便于降低成本、批量生产、扩展销路，在制作掩膜版时有意将 ROM 部分的掩膜图留为空白，然后由电视机厂家订货时根据需要提供掩膜版图补入。这样就可由一种母版派生出许多型号的微处理器，如此制得的微处理器常称为"××掩膜"（×× 为电视机的生产厂家）。掩膜后的微处理器中 ROM 内部的程序是由电视机生产厂家设计指定的，因此，这类微处理器也就由电视机生产厂家专用。

例如，飞利浦公司生产的 TDA9370 微处理器，其中的 ROM 部分先留为空白。若康佳电视机厂家需要，就由该厂家设计提供 ROM 的内部程序，再由飞利浦公司按照康佳电视机厂的要求进行掩膜制造，然后重新命名为 CKP1402SA; 同样道理，长虹公司的 TDA9370 掩膜后型号为 CH05T1602、CH05T1604、CH05T1607 等; TCL（王牌）公司的 TDA9370 掩膜后型号为 13-A02V02-PHP。从以上可知，CKP1402SA、CH05T1602、CH05T1604、CH05T1607、13-A02V02-PHP 等都是 TDA9370 微处理器派生出来的，也就是说，中央处理器（CPU）都是一样的，而 ROM 都是不一样的，因此，它们之间一般不能互换，也不能用母版 TDA9370 代换。

每一个微处理器上都标有型号，MCU 的型号主要包括两部分，分别为硬件型号和软件号（掩膜号）。例如，微处理器 TDA9370-CH05T1602, TDA9370 为飞利浦硬件型号，CH05T1602 为长虹电视机厂家的掩膜号。应注意的是，在实际维修中也可能遇到微处理器并没有软件号，这是由于其他种种原因不直接掩膜，而是先用 OTP（一次性写入）芯片人工写入程序来试验性生产。

第2章

彩色电视机单元电路精讲

2.1 彩电整机原理方框图

TCL 2565A 机型整机工作原理方框图如下所示。

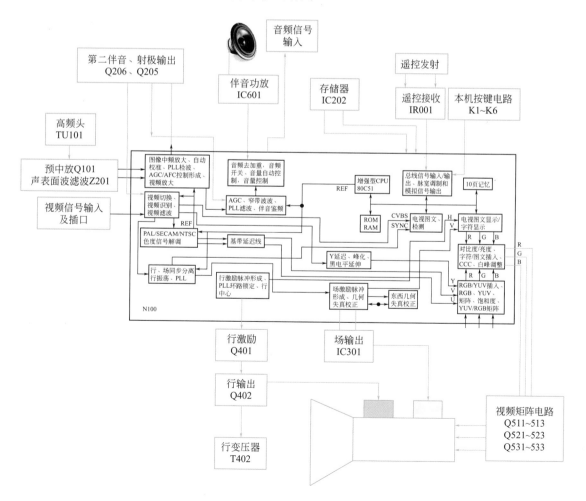

2.2 电源系统

► 2.2.1 电源电路的组成

电源电路的组成方框图及主要元器件如下所示。

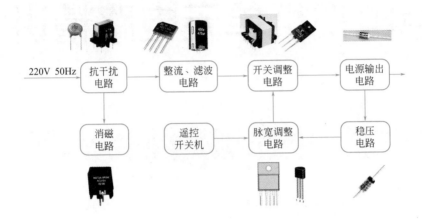

电源电路的组成方框图及各方框图主要作用如下所示。

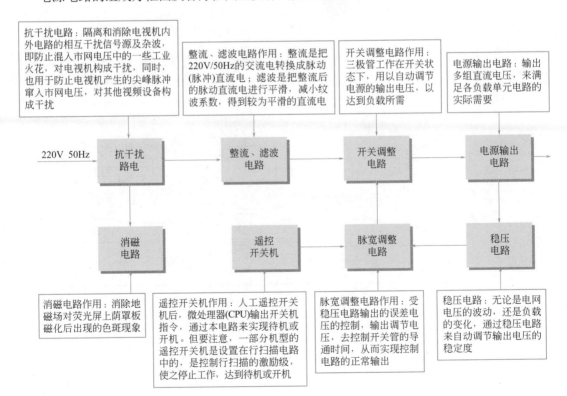

抗干扰电路：隔离和消除电视机内外电路的相互干扰信号源及杂波，即防止混入市网电压中的一些工业火花，对电视机构成干扰，同时，也用于防止电视机产生的尖峰脉冲窜入市网电压，对其他视频设备构成干扰

整流、滤波电路作用：整流是把220V/50Hz的交流电转换成脉动(脉冲)直流电；滤波是把整流后的脉动直流电进行平滑，减小纹波系数，得到较为平滑的直流电

开关调整电路作用：三极管工作在开关状态下，用以自动调节电源的输出电压，以达到负载所需

电源输出电路：输出多组直流电压，来满足各负载单元电路的实际需要

消磁电路作用：消除地磁磁场对荧光屏上荫罩板磁化后出现的色斑现象

遥控开关机作用：人工遥控开关机后，微处理器(CPU)输出开关机指令，通过本电路来实现待机或开机。但要注意，一部分机型的遥控开关机是设置在行扫描电路中的，是控制行扫描的激励级，使之停止工作，达到待机或开机

脉宽调整电路作用：受稳压电路输出的误差电压的控制，输出调节电压，去控制开关管的导通时间，从而实现控制电路的正常输出

稳压电路：无论是电网电压的波动，还是负载的变化，通过稳压电路来自动调节输出电压的稳定度

电源电路是彩电整机的能源供给部件，各单元电路都要在合适的电源供给下才能正常工作。彩电普遍采用开关电源来供电。开关电源按所选用的元器件常有分立式和集成电路式（厚膜式）。

整机电源电路由两部分组成：一是工频 50Hz 的市电经开关稳压电源转换成多组输出直流电压，其中最重要的是供给行输出 105 ～ 130V +B 电源，这部分电源称为主电源（或开关电源）；二是行输出级产生的行逆程脉冲经行输出变压器变压、整流、滤波，产生低、中、高压，这部分电路称为辅助电源（行电源），为显像管、视放等电路提供各级电压。本章只介绍主电源，辅助电源在行扫描电路中再介绍。

▶ 2.2.2 分立式开关电源电路工作原理

① 热地、冷地及隔离

在彩电中，因开关电源将 220V 交流电直接整流，由于电源插头可能反插，机内电路板的地线会直接接到相线上，这种与市电相线相连的底板，就称为热底板。工作人员在调试、维修中若无意碰触热底板，就会因与大地构成回路而触电；同样若用示波器等仪器测试彩电时，仪器的接地线会将热底板中的市电对地短路，产生大电流，烧毁机内元器件。因此，为安全起见，开关变压器二次侧的后级电路一般采用冷地，即不带电地，实现热地、冷地的隔离。连在电源热地、冷地之间的电容与电阻，用来将冷地板上的高频干扰耦合到热地，而热地与交流电网直接相连中，对高频信号相当于接地，同时也起到了热、冷地板的隔离。同理，光电耦合器其重要作用之一就是热、冷地板的隔离。

注意：在下图中，热地用"▽"表示，冷地用"▼"表示。

② 海尔 OM8370 或 OM8373 超级机芯分立式开关电源原理

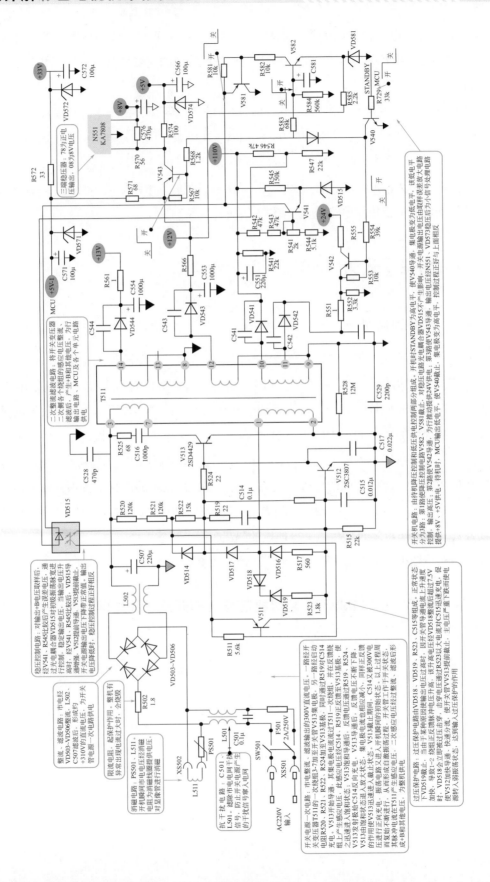

③ 消磁电路

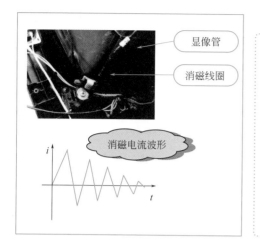

显像管中的电子枪射出的电子束流，在通过荫罩孔后，应当准确地射到荧光屏内壁三基色各自的荧光粉点上。但因显像管玻壳周围有其他金属物等，极易受地磁和杂散磁场的影响，使电子束在扫描过程中发生偏移，误射到其他相邻的色点上，对色度产生严重的干扰，出现不正常的彩色色斑。因此，彩电采用机内自动消磁电路来消除剩磁

消磁电路由正温度系数的热敏电阻和消磁线圈组成。在常温下，热敏的阻值约为20Ω，在开机瞬间流过消磁线圈的电流很大，产生强大的瞬间磁场，金属物被磁化，随后，其电阻阻值随着温度的升高而迅速增大，流过消磁线圈的电流也迅速下降。这种变化电流所产生的磁场，达到了消磁的目的，从而完成了对荫罩的消磁作用。电视机的消磁线圈都安装在显像管的锥体部分，这样每开机一次便可达到消磁一次

④ 稳压电路

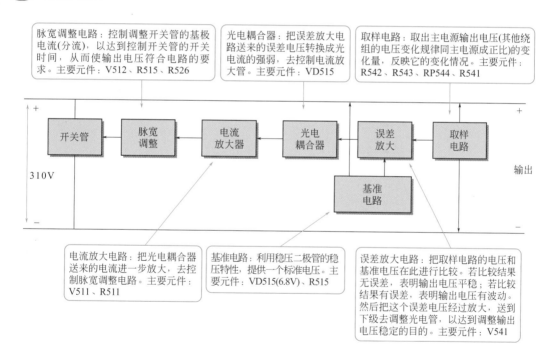

脉宽调整电路：控制调整开关管的基极电流(分流)，以达到控制开关管的开关时间，从而使输出电压符合电路的要求。主要元件：V512、R515、R526

光电耦合器：把误差放大电路送来的误差电压转换成光电流的强弱，去控制电流放大管。主要元件：VD515

取样电路：取出主电源输出电压(其他绕组的电压变化规律同主电源成正比)的变化量，反映它的变化情况。主要元件：R542、R543、RP544、R541

电流放大电路：把光电耦合器送来的电流进一步放大，去控制脉宽调整电路。主要元件：V511、R511

基准电路：利用稳压二极管的稳压特性，提供一个标准电压。主要元件：VD515(6.8V)、R515

误差放大电路：把取样电路的电压和基准电压在此进行比较。若比较结果无误差，表明输出电压平稳；若比较结果有误差，表明输出电压有波动。然后把这个误差电压经过放大，送到下级去调整光电管，以达到调整输出电压稳定的目的。主要元件：V541

稳压输出就是让各组输出电压的幅值自动地稳定保持在某一数值的范围内。稳压电路一般由取样电路、基准电路、误差放大电路、光电耦合器、电流放大器和脉宽调整等电路组成。

▶ 2.2.3　厚膜开关电源工作原理

① 海尔 TDA9370 超级机芯厚膜开关电源工作原理

海尔 TDA9370 超级机芯厚膜开关电源工作原理如下图所示。

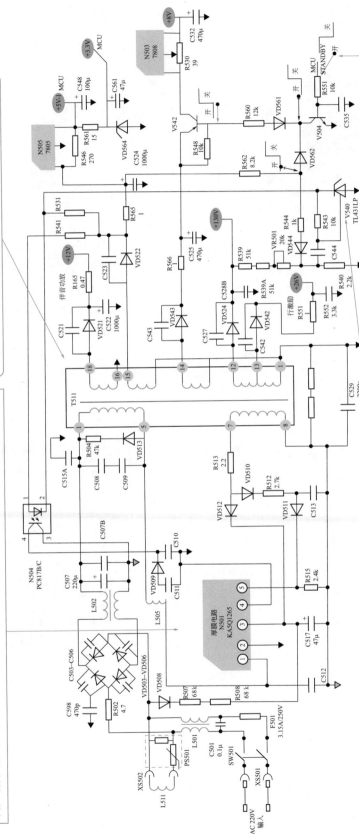

厚膜电路：300V电压经开关变压器T511的1-5绕组、L505加至KA5Q1265的1脚，内部开关管的D极；AC 220V电压经VD508整流、R507、R508降流，C517滤波，向厚膜的3脚提供启动电压，内部电路开始工作，其开关管的反馈7-8绕组的感应电流在开关变压器产生的脉冲感应电压经整流，滤波后为负载电路供电；二次感应电压经VD512整流，C517滤波，代替启动电流为3脚提供VCC供电；另一路经VD510、R512、C513、VD511整形、分压后送至厚膜的5脚，作为电源模块的同步与保护输入检测信号

二次整流、滤波电路：将开关变压器二次侧各个绕组的感应电压整流、滤波后，产生+B和其他电压，为行输出、MCU和各个单元电路供电

开关机电路：由待机降压控制和低压供电控制两部分组成。开机时STANDBY为高电平，V504导通，一是通过VD562将VD544正极电压拉低而截止，对取样电压不产生影响，开关电源输出电压由取样放大电路控制，开关电源输出高电平，二是使电源差放大信号提升+8V供电，为N503供电，稳压后为小信号与处理电路提供+8V供电；待机时，STANDBY变为低电平，V504截止，一是使VD544导通，将取样电压提升，开关电源输出电压降低，负载电路因供电不足停止工作；二是使V542截止，切断小信号与处理电路的+8V供电

稳压控制电路：对输出+B电压取样后，经V540比较放大后产生误差电压，通过光电耦合器N504对厚膜电路N501的4脚进行控制，稳定输出电压。当输出电压升高时，经V540放大后，使N504的4脚电位降低，内部开关管导通时间变短，开关电源输出电压下降到正常值；输出电压降低时，稳压控制过程正好相反

② 电源厚膜 KA5Q1265

电源厚膜 KA5Q1265 是 Fairchild 公司开发的开关电源专用功率集成电路，它集成 PWM 控制器、待机低功耗和功率 MOSFET 于一体，内部包括电流模式 PWM 控制器、耐压 650V 的电流检测型功率 MOSFET 欠压锁定、热保护（150℃）及故障状态自动复位电路，提供了完善的保护电路

厚膜 FSCQ1265RT 其各脚功能		
脚号	符号	各脚功能
1	D	初级侧整流电压输入端。接内部开关管的漏极
2	GAD	地
3	$A_{CC}(V_{CC})$	启动电压输入端
4	FB	反馈输入端
5	SYNC	外同步输入

③ TL431 精密可调稳压管

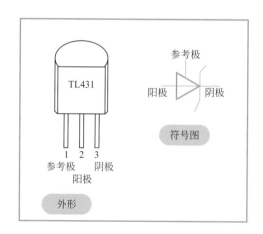

TL431 是一个具有良好热稳定性能的三端可调分流基准源，开关电源稳压反馈通常都使用它

▶2.2.4　整机电源供电电路流程图

　　下面以长虹 SF2111 机型电视机为例，将电源供电电路流程图画出如下图所示。行输出变压器后级输出的电源一般在行业中称为二次电源或行电源，对这部分不熟悉的初学者，可以在思想上先有个大概的概念，其他几个系统学习完后，再回过头来看这部分内容。

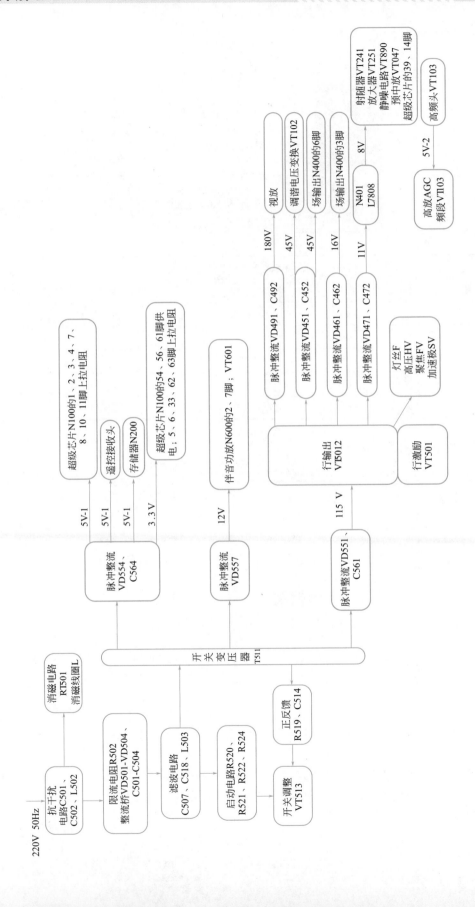

2.3 超级芯片的功能介绍与应用

2.3.1 彩色电视机的系列与机芯

由于构成集成电路的集成块型号数不胜数，一台彩色电视机由几块（几片）集成块组成整机电路来完成遥控、音视频信号的处理，在行业中把这几块集成块组成的特定电路称为机芯系列。

从整机结构上来说机芯就是电路板（或电路图）的主要构成，一般指"主板所采用的芯片方案"，最主要的是所用集成块（芯片）的类别，如国内长虹、康佳、TCL 等组装厂商按自己的喜好打上各自的机芯编号，长虹的 CH-16、CH-16A、CH-16D、CH-13,TCL 的 UL11、UL12、UL21、M35 等都是机芯的归类。

"系列"是超级芯片的派生类型，它是在超级芯片的基础上进行改进、完善、补充新的电路或功能，大部分主要电路没有发生变化。如日本东芝公司生产的 TMPA88×× 系列超级芯片，它的系列有 TMPA8801、TMPA8802、TMPA8803、TMPA8859、TMPA8873 等。

目前，常用的超级芯片有日本东芝公司的 TMPA88×× 系列、日本三洋公司的 LA7693×× 系列、荷兰飞利浦公司的 TDA93×× 系列及德国威科公司的 VCT38×× 系列等。

① TMPA88×× 系列超级芯片

TMPA88×× 系列超级芯片由日本东芝公司生产，有 TMPA8801、TMPA8802、TMPA8803、TMPA8807、TMPA8809、TMPA8821、TMPA8823、TMPA8827、TMPA8829、TMPA8853、TMPA8857、TMPA8859、TMPA8873 等型号。

国内彩电生产厂家引进 TMPA88×× 系列超级芯片后，对芯片重新进行了掩膜处理，将内部的空白 ROM 写入了新的控制程序，使得各厂家同一芯片的部分 I/O 端子的引脚功能有所不同。长虹、康佳、TCL 等公司对 TMPA88×× 系列超级芯片重新掩膜处理后，又命名了新的型号。例如，康佳公司的 TMPA8809/ TMPA8829 在掩膜后的型号为 CKP1302S,TMPA8803/ TMPA8823 在掩膜后的型号为 CKP1303S。长虹公司的 TMPA8803 在掩膜后的型号为 CH08T0601，TMPA8823 在掩膜后的型号为 CH08T0604 或 CH08T0609，TMPA8829 在掩膜后的型号为 CH08T0602 或 CH08T0605、CH08T0607、CH08T0608、CH08T06010。TCL 公司的 TMPA8803 在掩膜后的型号为 13-A8803C-PNP，TMPA8823 在掩膜后的型号为 13-A04V02TOP 或 13-A01V14-TOP、13-TOOS12-03M00，TMPA8859 在掩膜后的型号为 13-A01V15TOP 或 13-TOOS22-04M00。海尔等公司对 TMPA88×× 系列超级芯片进行重新掩膜处理后，基本保留了原型号，有的只是型号的开头字母或后缀不同。

② LA7693× 系列超级芯片

LA7693× 系列超级芯片由日本三洋公司生产，LA7693× 系列主要有：LA76930、LA76931 和 LA76932 等型号。采用 LA76930 超级芯片的彩电有厦华 MT/TS 机芯系列、TCL 的 Y 机芯系列、创维 6D92 机芯系列和海尔 N29F6H-D 型等；采用 LA76931 超级芯片的彩电有康佳 SA 机芯系列、长虹 CN-13 机芯系列、创维 6D91 机芯系列、TCL Y12 机芯系列和海信

USOS 机芯系列等；采用 LA76932 超级芯片的彩电有 TCL Y22 机芯系列和海信 USOS 机芯系列等。

　　TCL 公司的 LA76930 在掩膜后的型号为 13-WS9301-AOP 或 13-WS9302-AOP，LA76931 在掩膜后的型号为 13-LA7693-17PR，LA76932 在掩膜后的型号为 13-WS9303-AOP 或 13-T00Y22-01M01、13-LA7693-2NPR；康佳公司的 LA76931 在掩膜后的型号为 CKP1504S。海尔和创维等公司对 LA7693× 系列超级芯片进行重新掩膜处理后，基本保留了原型号，有的只是型号的开头字母或后缀不同。

③ TDA93×× 系列超级芯片

　　TDA93×× 系列超级芯片是飞利浦公司生产的，主要有 TDA9370、TDA9373、TDA9380、TDA9376、TDA9383 等，同类芯片有中国台湾生产的 OM8370 和 OM8373 等。采用 TDA93×× 系列超级芯片的彩电有长虹 CH-16 机芯，海尔 UOC 机芯，康佳 SK 系列、K/N 系列机芯，创维 3P30 机芯、4P30 机芯、4P36 机芯、5P30 机芯，TCLUL11 机芯、UL12 机芯、UL21 机芯、US21 机芯、UOC 机芯，海信 UOC 机芯，东杰 UOC 机芯等。

　　康佳公司的 TDA9370 在掩膜后型号为 CKP1419S，TDA9373 在掩膜后的型号为 CKP1417S，TDA9380 在掩膜后的型号为 CKP1402SA，TDA9383 在掩膜后的型号为 CKP1403SA。长虹公司的 TDA9370 在掩膜后的型号为 CH05T1602、CH05T1604 和 CH05T1607，TDA9373 在掩膜后的型号为 CH05T1606 和 CH05T1608，TDA9383 在掩膜后的型号为 CH05T1601 和 CH05T1603。TCL 公司的 TDA9370 在掩膜后的型号为 13-A02V02-PHP，TDA9373 在掩膜后的型号为 13-A01V01-PHP，TDA9376 在掩膜后的型号为 13-TDA938-ONP，OM8373 在掩膜后的型号为 13-OM8373-N3P。创维公司的 TDA9370/ OM8370 在掩膜后的型号为 4706-D9370-64、4706-D3701-64、4706-D93702-64、4706-D93703-64、4706-D83701-64、4706-D93705-64、4706-D83702-64。

④ VCT38×× 系列超级芯片

　　VCT38×× 系列超级芯片是德国维科半导体公司生产的，主要有 VCT3801A、VCT3802、VCT3803A、VCT3804、VCT3831A、VCT3834 等型号。

　　采用 VCT38×× 系列超级芯片的彩电有康佳 S 系列、创维 3031/5130 机芯、TCL（王牌）29181 和 LG MC-01GA、MC-022A、M35、M35B、M36 机芯等。

　　为了加深读者的理解，部分电视机机型的系列和机芯如下表所示。

牌号	系列	超级芯片	机芯	超级芯片掩膜后型号	部分机型
长虹	TMPA88××	TMPA8803	CN-18A	CH08T0601	SF1498、SF2168E、
		TMPA8823	CN-18EA	CH08T0604、CH08T0609、CH08T06011	PF2118E、PF2191E、SF2118E(M)、SF2191E
		TMPA8829	CN-18ED	CH08T0607	H29D80E、PF2955E
				CH08T0610	HD29988、PF3493E
				CH08T0602、CH08T0608	HD25933、HD29933、SF2918E、SF2591E

续表

牌号	系列	超级芯片	机芯	超级芯片掩膜后型号	部分机型
长虹	LA7693××	LA76931	CH-13	CH04T1301(LA769317C-53K0)	SF2166K、H2111K(F00)
				CH04T1302(LA769317M56J0)	SF2129K、SF2133K、SF2166K(F03)
				CH04T1304(LA769317N57M8-E)	2118AE(B)
				CH04T1304(LA769317N57R4-E)	PF21300、SF2528(F03)、PF29118(F31)
				CH04T1302(LA769317M56J0) 或 CH04T1306(LA769317N57R4-E)	SF2133K(F25)、SF2128K(F25)、SF2166K(F25)
		LA76933		LA76933	PF2955K
				CH04T1303(LA769337N57N7-E)	PF21300
				CH04T1304(LA769337N57N7-E)	SF2166K、H2111K(F00)
	TDA93××	TDA9370	CH-16	CH05T1602、CH05T1604、CH05T1607	SF2151、SF2199
		TDA9373		CH05T1606	PF2598、SF2998
				CH05T1608	PF2992
		TDA9383		CH05T1601	SF2515、SF2939
				CH05T1603	SF2939、SF2583
		TDA9370PS-N2	CH-16A	CH05T1602、CH05T1604、CH05T1607	PF2115、PF2150、SF2139、SF2198
				CH05T1609	PF2163、PF2163(F04)、SF2111、SF2183(F04)
		OM8370PS		CH05T1623	
		TDA9373PS-N2	CH-16D	CH05T1611	SF2511(F06)、SF2583(F05)、PF2588(F6)、SF3411F(FB0)
		TDA9373PS		CH05T1619	
		OM8370PS		CH05T1621	
康佳	TMPA88××	TMPA8803、TMPA8823	SE	CKP1303S	A14SE086、P21SE071、P21SE282、
		TMPA8807、TMPA8809		—	P29SE072
		TMPA8809、TMPA8829、TMPA8807、TMPA8827		CKP1302S	P25SE051、P29SE072、P29SE077、P29SE282、P34SE138、T25SE073、T25SE120

续表

牌号	系列	超级芯片	机芯	超级芯片掩膜后型号	部分机型
康佳	LA7693××	LA76931	SA	CKP1504S	F21SA326、P21SA282、T14SA073、T21SA390
	TDA93××	TDA9370	SK	CKP1419S	T21SK026、P21SK177
		TDA9373		CKP1417S	T25SK076、T34SK073、P29SK151
		TDA9380	K/N	CKP1402SA	P2179K、T2176
		TDA9383		CKP1403SA	P2579K、P2961K
	VCT38××	VCT3801A	S	CKP1603S	P2172S、P2572S、T2973S、T2977S
		VCT3801A、VCT3803A		CKP1402S	P2571S、P2960S、P2971S、P3473S
TCL	TMPA88××	TMPA8809	HiD N21	—	HiD29189PB、HiD34189PB
			HiD N22		HiD25181H、HiD34189H
			HiD NV23		HD29276、HD29A21、HiD29A41HB
		TMPA8802CSN	M123L	01-M123L01-MA1	21185AG
		TMP8801PSN、TMPA8803CSN、TMPA8823CSN	13-A8803C-PNP、13-T00S12-03M00、13-A01V02-TOP	S11	AT2127、AT21179G、AT21206、AT21228、AT21211(F)、AT21S179
		TMPA8803CSN、TMPA8823CSN	13-A8803C-PNP、13-T00S12-03M00、13-A01V14-TOP	S12	1475、AT21207、AT21266B、NT21A41、NT21A61、NT21B06
		TMPA8873	—	S13	21FC30G
		TMPA8809CNP、TMPA8829CPN	13-A01V10-TOP	S21	25V1、34V1、AT25211、AT29211、AT29S168
		TMPA8829CNP21N1、TMPA8857、TMPA8859CSNG	13-PA8857-PSP、13-T00S22-04M00、13-A01V15-TOP	S22	25B2、AT25211、AT25288、AT29281、NT25A51C、NT25A71、N25K2、NT29228、29B1、S29B2
		TMPA8809	—	S23	NT2571A

续表

牌号	系列	超级芯片	机芯	超级芯片掩膜后型号	部分机型
TCL	LA7693×	LA76930	Y	13-WS9301-A0P、13-WS9302-A0P	AT21266/Y、AT2116/Y
		LA76931	Y12	13-LA7693-17PR	21V88
		LA76932	Y22	13-T00Y22-01M01、13-LA7693-2NPR、13-WS9303-AOP	AT2516、AT25266/Y、N25B5、AT29266/Y、N25B6B、AT34266/Y
	TDA93××	TDA9370	UL11	13-A02V02-PHP	AT2165、AT2175、AT21181、AT21286
		TDA9370、OM8370	UL12	13-TOUL12-01M0、13-TOUL12-02M0、13-OM8370-00P	AT2165、AT21211A、AT21276、AT21289A、NT21228、NT21A21、NT21A31、NT21A51
		TDA9373	UL21	13-A01V01-PHP	AT2516G、AT2527、AT2975、AT29266
		TDA9373、OM8373	UL21	13-TOUS-01M00、13-OM8373-N3P	AT21A11、NT25A11、AT2960、AT2916UG(F)、AT34276(F)
		TDA9376 OM8373	US21	13-TOUS-01M00、13-OM8373-N3P	AT2565A、AT25286、AT25289A、AT29286、NT25A11、NT29128、NT29A41
		TDA9380	UOL	13-TDA938-0NP	2513U、AT2516UG、AT2927U、AT3416U
	VCT38××	VCT3831A	M35、M35B、M36	—	29181、21288、29189、21189SLIM

从表中可知，虽然一种牌号的机型较多，但一个系列或一个机芯的电路图（或电路板）是大同小异的，了解电视机的系列和机芯对维修和查阅资料能起到事半功倍的效果。在学习过程中，只要对某个系列或某个机芯做深入研究和学习，就会触类旁通地维修这种机型，从而达到变通、灵活地运用资料和图纸。

▶ 2.3.2 TDA93×× 系列超级芯片的功能

① TDA93×× 系列超级芯片的特点

系列型号	具有的功能	没有的功能	偏转角	适用范围
TDA9370、TDA9380	自动音量电平控制	水平枕形失真校正	90°	21in 以下
TDA9373、TDA9383	水平枕形失真校正	自动音量电平控制	110°	25in 以上

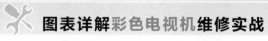

② TDA93×× 系列超级芯片的引脚功能

脚号	TDA9370	TDA9373	TDA9376	TDA9380	TDA9383
			TDA93×× 系列超级芯片的可编程引脚功能		
1	FM 收音 /TV；开机 / 待机	开机 / 待机	开机 / 待机	开机 / 待机	开机 / 待机；高频头频段切换
2	I²C 总线时钟信号输出端				
3	I²C 总线时钟信号输入 / 输出端				
4	调谐电压输出端、静音控制	调谐电压输出、静音控制	调谐电压输出	调谐电压输出	调谐电压输出
5	键控信号输入 / 指示灯驱动输出；NTSC 制式滤波；50/60Hz 场频切换控制；PAL/NTSC 制式切换控制	S 端子开关信号输入；键控信号输入；PAL/NTSC 制式切换控制；伴音制式选择；重低音静音控制	制式选择控制	静音控制；S 端子开关信号输入；外接视频信号输入选择	键控信号输入 / 指示灯驱动输出；外接视频信号输入选择
6	键控信号输入；键控信号输入 / 指示灯驱动输出	键控信号输入；制式选择控制	键控信号输入	键控信号输入	键控信号输入；高频头频段切换控制 2
7	高频头频段切换控制 1；键控信号输入；音量控制；A/D 转换控制	A/D 转换控制；键控信号输入 2；音量控制；静音控制	A/D 转换控制	音效控制；YUV/S 端子输入控制；音响 /AV/TV 选择控制	音效控制；音量控制 1；YUV/S 端子输入控制
8	高频头频段切换控制 2；音量控制；静音控制；伴音制式切换；地磁校正信号输出	未采用，接地；地磁校正信号输出	静音控制；A/D 转换控制	音量控制；扫描速度调制	地磁校正信号输出；50/60Hz 场频切换控制；PAL/NTSC 制式切换控制
10	低音提升开关控制；未用，空脚；高频头频段切换控制 1	高频头频段切换控制 1；未用，空脚；待机指示灯 / 行激励脉冲控制	待机指示灯 / 行激励脉冲控制	重低音开关控制；静音控制；高频头频段切换控制 2	高频头频段切换控制 1；静音控制；开机 / 待机控制
11	未用，空脚；高频头频段切换控制；消磁控制	未用，空脚；高频头频段切换控制；消磁控制	待机指示灯 / 行激励脉冲控制	高频头频段切换控制	高频头频段切换控制；伴音制式切换
32	伴音中频信号输入；自动音量电平控制；彩色副载波输出	未用，空脚；伴音中频信号输入；彩色副载波输出；自动音量电平控制	未用，空脚	自动音量调整滤波；自动音量控制 / 伴音中频信号输入	伴音中频信号输入；自动音量控制 / 伴音中频信号输入

续表

脚号	TDA9370	TDA9373	TDA9376	TDA9380	TDA9383
	TDA93×× 系列超级芯片的可编程引脚功能				
62	静音控制；AV1信号控制；TV/AV信号切换控制；遥控信号输入	遥控信号输入；TV/AV信号切换控制；音效控制；AV1/AV2信号切换控制	AV1信号切换控制；场输出保护信号输入	AV1信号切换控制；遥控信号输入	AV1信号切换控制；遥控信号输入
63	AV2信号切换控制；开机/待机控制；待机指示灯/行激励脉冲控制；音效控制；未用，空脚	AV2信号控制；AV1信号控制；静音控制；功能扩展片选控制；AV/SVHS(S端子)信号切换控制	AV2信号控制	AV2信号控制；AV1信号控制	AV2信号控制；AV1信号控制
64	未用，空脚；遥控信号输入；AV2信号控制	遥控信号输入	遥控信号输入；AV2信号控制	遥控信号输入；AV2信号控制	遥控信号输入；AV2信号控制

脚号	功能	脚号	功能
	TDA93×× 系列超级芯片的通用引脚功能		
9	数字电路接地	28	伴音去加重滤波端
12	模拟电路接地	29	伴音解调退耦滤波端
13	锁相环滤波器	30	接地 2
14	电源（+8V）	31	伴音锁相环滤波
15	数字电路滤波	33	行激励脉冲信号输出端
16	鉴相器滤波端 2	34	行反峰脉冲输入/沙堡脉冲信号输出
17	鉴相器滤波端 1	35	外部音频信号输入
18	接地 3	36	超高压保护输入
19	带隙滤波端	37	中频锁相环滤波
20	水平枕形失真校正输出	38	中频信号输出
21	场激励信号输出端 B	39	电源（+8V）
22	场激励信号输出端 A	40	CVBS 视频信号输入
23	中频信号输入端 1	41	接地
24	中频信号输入端 2	42	外部 CVBS/Y 信号输入
25	基准电流输入端	43	色度信号输入
26	外接锯齿波形成电容	44	音频信号输出
27	高频 AGC 电压输出端	45	BGR/YUV 信号输入

续表

脚号	功能	脚号	功能
46	红基色 /V 信号输入	54	数字电路电源（3.3V）
47	绿基色 /Y 信号输入	55	接地
48	蓝基色 /U 信号输入	56	数字电路电源（3.3V）
49	束电流限制 / 场保护输入	57	接地
50	消隐电流输入	58	时钟振荡信号输入
51	红基色信号输出	59	数字电路电源（3.3V）
52	绿基色信号输出	60	复位输入
53	蓝基色信号输出	61	数字电路电源（3.3V）

TDA93×× 系列超级芯片的通用引脚功能

3 长虹 CH-16 小屏幕机芯整机电路方框图

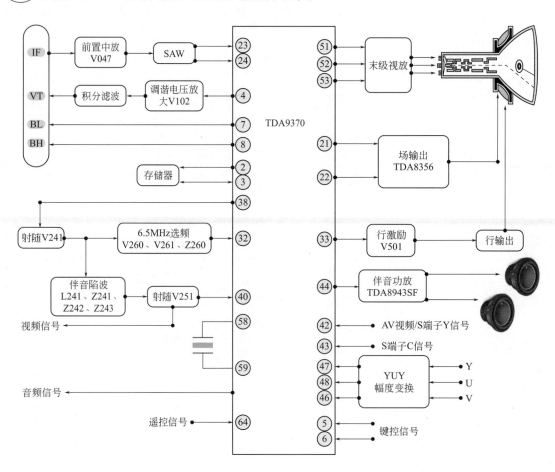

④ 海信 UOC 机芯整机电路方框图

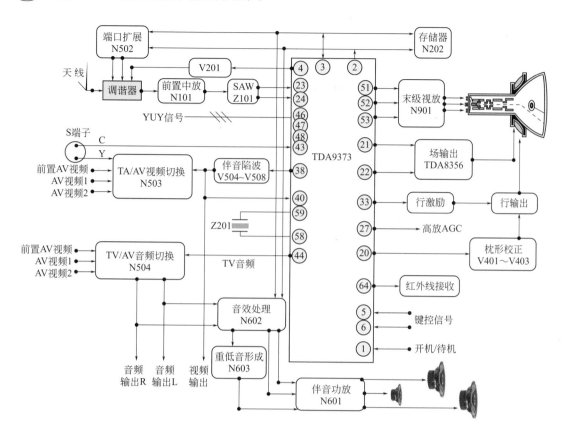

2.3.3　TMPA88×× 系列超级芯片的功能

① TMPA88×× 系列超级芯片的特点

系列型号	具有的功能	适用范围
TMPA8801、TMPA8803、TMPA8823、TMPA8873	TV/AV 信号切换电路	21in 以下
TMPA8807、TMPA8809、TMPA8829、TMPA8859、TMPA8879	枕形校正（EW）电路、高压校正（EHT）电路、扫描速度调制输出 (VM) 电路	25in 以上

② TMPA88×× 系列超级芯片的引脚功能

TMPA88×× 系列超级芯片的可编程引脚功能		
脚号	超级芯片型号	功能
1	TMPA8801	高频头 U/V 频段切换控制
	TMPA8802	AV/TV 切换控制

续表

脚号	超级芯片型号	功能
	TMPA88×× 系列超级芯片的可编程引脚功能	
1	TMPA8803	高频头 U/V 频段切换控制；AV1/AV2 切换控制；AV/TV 切换控制；调频信号输出；图像静噪控制；S 端子输入信号识别
	TMPA8807	TV/AV1/AV2/S 切换控制
	TMPA8809	音频信号检测输入；制式切换控制；TV/AV 切换控制；高频头频段切换控制
	TMPA8823	高频头超强接收控制；TV/AV1/AV2/S 切换控制 1
	TMPA8827（57）	S 端子输入信号识别
	TMPA8829	高频头超强接收控制；I²C 总线时钟输出
	TMPA8859	AV/TV 信号切换控制；键控信号输入
	TMPA8873	高频头 U/V 频段切换控制
	TMPA8879	键控信号输入
2	TMPA8801	高频头频段转换控制输出端 2
	TMPA8802	保护信号输入
	TMPA8803	高频头频段转换控制输出端 2；静音控制；AFC 控制；电源输出过压保护检测；场输出保护信号检测；AV1/AV2 切换控制
	TMPA8807	工作状态指示灯信号输出端；TV/AV1/AV2/S 切换控制
	TMPA8809	键控信号输入；行电路过压保护输入；高频头频段转换控制
	TMPA8823	键控信号输入；TV/AV1/AV2/S 切换控制
	TMPA8827	色度 / 亮度信号输出控制
	TMPA8829	I²C 总线时钟
	TMPA8859	键控信号输入；伴音制式切换控制
	TMPA8873	高频头 L/H 频段切换控制
	TMPA8879	伴音制式切换控制
3	TMPA8801、TMPA8802、TMPA8803、TMPA8807、TMPA8827、TMPA8829	键控信号输入
	TMPA8809	键控信号输入；黑电平输出；PC/TV 转换控制
	TMPA8859	AV1/AV2 信号切换控制；TV/AV1/AV2 切换控制
	TMPA8873	键控信号输入
	TMPA8879	AV1/AV2 信号切换控制
26	TMPA8801、TMPA8802、TMPA8803、TMPA8823	TV 视频信号输入
	TMPA8807	基准时钟信号输出；色副载波信号输出

续表

\multicolumn{3}{c}{TMPA88××系列超级芯片的可编程引脚功能}		
脚号	超级芯片型号	功能
26	TMPA8809、TMPA8827、TMPA8829、TMPA8859	色副载波信号输出
	TMPA8873	全电视信号输出
28	TMPA8801、TMPA8802、TMPA8803、TMPA8823	音频信号输出
	TMPA8807、TMPA8809、TMPA8829、TMPA8859	枕形失真校正信号输出
	TMPA8873	音频信号输出
32	TMPA8801、TMPA8802、TMPA8803、TMPA8823、TMPA8873、TMPA8879	外部音频信号输出
	TMPA8807	阳极电压过高保护检测；高压校正输入
	TMPA8809、TMPA8829、TMPA8859	高压校正输入
45	TMPA8801、TMPA8802、TMPA8803、TMPA8823	视频信号输出
	TMPA8807、TMPA8809、TMPA8829、TMPA8859、TMPA8879	扫描速度调制信号输出
	TMPA8873	AV 视频信号输出
56	TMPA8801	静音控制输出
	TMPA8802、TMPA8803	静音控制输出、高频头频段切换控制、50/60 场频识别输出
	TMPA8807	静音控制、开机 / 待机控制
	TMPA8809	静音控制、开机 / 待机控制、高频头频段切换控制、S 端子控制
	TMPA8823	静音控制、开机 / 待机控制
	TMPA8827、TMPA8859、TMPA8879	静音控制
	TMPA8829	SIF 信号输出或静音控制
59	TMPA8801	系统控制输出
	TMPA8802、TMPA8803	音量控制；制式选择控制；高频头输出中频信号选择
	TMPA8807	I²C 总线数据输入 / 输出 2
	TMPA8809	TV/AV 控制、音量控制输出、行电路过压保护输入、I²C 总线数据输入 / 输出
	TMPA8823	制式切换控制、高压过高 / 束电流过大保护检测输入

续表

TMPA88×× 系列超级芯片的可编程引脚功能		
脚号	超级芯片型号	功能
59	TMPA8859、TMPA8879	音量控制输出
	TMPA8829	PWM 输出端或伴音制式控制
	TMPA8827	TV/AV 切换控制
60	TMPA8801	调谐电压输出
	TMPA8802、TMPA8803	调谐电压输出、AV1 控制、AV1/AV2 选择控制
	TMPA8807	调谐电压输出、D/A 转换 PWM（脉宽调制）输出
	TMPA8809	调谐电压输出、D/A 转换 PWM（脉宽调制）输出、I^2C 总线时钟、光栅旋转控制
	TMPA8823、TMPA8827、TMPA8829	调谐电压输出
	TMPA8859	音量控制、地磁校正信号输出
	TMPA8879	地磁校正信号输出
	TMPA8873	调谐电压输出
61	TMPA8801	视频选择控制输出
	TMPA8802	复位信号输入
	TMPA8803	调谐电压输出、高频头频段转换控制、AV1/AV2 选择开关控制、外部音量控制、50/60Hz 场频识别输出
	TMPA8807	AV 状态白平衡调整输入、I^2C 总线时钟
	TMPA8809	静音控制、AV1/AV2 切换控制、AV 状态白平衡调整输入
	TMPA8823	TV/AV1/AV2 切换控制、制式切换控制
	TMPA8827	AV1/AV2 切换控制
	TMPA8829	I^2C 总线时钟或 TV/AV 外部静音控制
	TMPA8859	制式选择控制
	TMPA8879	开机 / 待机控制
	TMPA8873	AV 开关控制

TMPA88×× 系列超级芯片通用引脚功能			
脚号	功能	脚号	功能
4	数字电路接地	8	测试端，通常接地
5	复位输入	9	数字电路电源（+5V）
6	时钟振荡输出	10	接地
7	时钟振荡输入	11	振荡电路接地

续表

脚号	功能	脚号	功能
	TMPA88×× 系列超级芯片通用引脚功能		
12	行逆程脉冲信号输入 / 沙堡脉冲输出	37	鉴频电路稳压滤波
13	行激励脉冲信号输出	38	TV 音频信号输出 / 去加重控制
14	行 AFC 环路滤波	39	中放 AGC 滤波
15	场锯齿波形成	40	中放电路接地
16	场锯齿波脉冲输出	41、42	中频信号输入
17	扫描电路电源（+9V）	43	高放 AGC 电压输出
18	消隐信号输入或外部 RGB 插入控制	44	亮度 / 色度电路电源（+5V）
19	外部 U(B-Y) 信号输入	46	黑电平扩展检测滤波
20	外部 Y 信号输入	47	色副载波环路滤波
21	外部 U(R-Y) 信号输入	48	黑电流（显像管阴极电流检测）输入
22	TV 信号处理器数字电路接地	49	RGB 信号处理电路电源（+9V）
23	色度信号输入	50	红基色信号输出
24	视频信号输入	52	绿基色信号输出
25	TV 信号数字电路接地	53	蓝基色信号输出
27	自动亮度 / 对比度控制输入	54	振荡电路接地
29	中放电路电源	55	字符处理电路电源
30	全电视信号输出	57	I^{2}C 总线数据输出 / 输入
31	第二伴音中频信号输出	58	I^{2}C 总线时钟
33	第二伴音中频信号输入	62	同步信号识别
34	伴音中频直流负反馈滤波	63	遥控信号输入
35	图像中频锁相环滤波	64	开机 / 待机控制
36	中频电路电源（+5V）		

▶ 2.3.4 LA7693× 系列超级芯片的功能

脚号	LA76930	LA76931	LA76932
	LA7693× 系列超级芯片的可编程引脚功能		
23	X 射线过量保护、水平枕形校正 / 场幅度调整、TV/AV 切换控制	空脚、静音控制、水平枕形校正 / 场幅度调整、TV/AV 切换控制	TV/AV 切换控制
24	遥控信号输入、S 端子输入识别、AV1/AV2 切换控制	空脚、遥控信号输入、AV1/AV2 切换控制	AV1/AV2 切换控制

续表

\-	LA7693×系列超级芯片的可编程引脚功能		
脚号	LA76930	LA76931	LA76932
25	高频头频段切换控制、DVD输入识别、静音控制	TV/AV切换控制输出、S端子开关信号输入、场频50/60Hz识别输出	场频50/60Hz识别输出
26	遥控信号输入、行相位/行幅度调整、开机/待机控制、AV1/AV2切换控制、高频头频段切换控制	开机/待机控制、AV2控制、左声道音量控制、音量控制输出、高频头频段切换控制	遥控信号输入、高频头频段切换控制
28	图像模式选择控制、开机/待机控制	图像模式选择控制、开机/待机控制、AV2控制、右声道音量控制	开机/待机控制
29	调谐电压输出、光栅倾斜失真校正控制	调谐电压输出、光栅倾斜失真校正控制、外部音频信号输入开关控制	调谐电压输出
30	静音控制、DVD/S端子输入识别	静音控制、开机/待机控制、DVD/S端子输入识别	静音控制
36	键控信号输入、PAL/NTSC制式切换控制、高频头频段切换控制	键控信号输入、PAL/NTSC制式切换控制、开机/待机控制、I²C总线时钟	键控信号输入
37	AV/TV信号切换控制、高频头频段切换控制、场频50/60Hz识别输出、S端子Y信号输入	高频头频段切换控制、I²C总线时钟、PAL/NTSC制式切换控制、S端子开关信号输入	S端子开关信号输入
38	AV/TV信号切换控制、TV/AV信号切换控制、外部音频信号输入	高频头频段切换控制、I²C总线数据输入/输出、键控信号输入、AGC控制信号输入、A/DF转换控制	外部音频信号输入
39	键控信号输入、场扫描不会信号输入	未用、键控信号输入、场扫描信号输入	场扫描保护信号输入、开关电源输出电压过压保护信号输入

\-	LA7693×系列超级芯片的通用引脚功能		
1	伴音中频信号输出	10	ABL自动亮度限制
2	中频自动增益控制	11	RGB电路电源（8V）
3	伴音中频信号输入	12	红基色信号输出
4	调频滤波	13	绿基色信号输出
5	调频信号输出	14	蓝基色信号输出
6	伴音音频输出	15	接地
7	音频自动相位滤波	16	场锯齿波形成
8	中频电路电源（5V）	17	场锯齿波输出
9	音频信号输入	18	行频率校正参考信号

续表

LA7693× 系列超级芯片的通用引脚功能				
19	行 / 总线电路电源（5V）		48	隔行色差信号中的亮度信号输入
20	行 AFC 信号输出		50	4.43MHz 晶振输入
21	行激励信号输出		51	外部 Cr 信号输入
22	图像 / 色度 / 扫描 / 总线电路接地		52	视频信号输出
31	I²C 总线数据输入 / 输出		53	色度自动相位控制滤波
32	I²C 总线时钟		54	外部视频信号输入
33	时钟振荡信号输入		55	视频 / 色度 / 扫描电路电源
34	时钟振荡信号输出		56	内部视频信号输入
35	电源（5V）		57	黑电平延伸滤波
40	复位信号输入		58	锁相环回路自动频率控制滤波
41	锁相环滤波		59	自动频率控制信号输出
42	接地		60	内部视频信号输出
43	电源		61	射频 AGC 输出
44	行逆程脉冲信号输入		62	中频电路接地
45	S 端子色度信号输入		63	中频信号输入 1
46	亮度信号输入		64	中频信号输入 2
47	色度振荡相位控制滤波			

▶ 2.3.5 VCT38×× 系列超级芯片的功能

VCT38×× 系列超级芯片的可编程引脚功能						
脚号	VCT3801A	VCT3802	VCT3803A	VCT3804/34	VCT3804F	VCT3831A
1	伴音中频选择控制 1	环境光检测信号输入	声表面波 PAL/NTSC 制式选择、静音控制	图文信号输入	AV12 输入信号检测	AV12 输入信号检测
2	伴音中频选择控制 2	工厂设定	空脚、Y.C/CVBS 信号识别	图文信号输入 2	AV2 输入信号检测	AV1/AV2 切换控制
5	地磁校正输出	消磁控制信号输出	PAL/NTSC 制式识别输出、地磁校正输出	光程眼检测信号输入	—	STAT 数据线输出
6	保护检测输入	倾斜失真校正输出、地磁校正输出	保护检测输入、调谐电压输出	消磁控制输出 / 异常保护检测输入	—	调谐电压输出

脚号	VCT38×× 系列超级芯片的可编程引脚功能					
	VCT3801A	VCT3802	VCT3803A	VCT3804/34	VCT3804F	VCT3831A
7	开机/待机控制	静音控制	开机/待机控制、搜索同步控制输出	伴音制式控制输出 2	—	高频头频段切换控制 1
8	自动频率控制	S-VHS2 端子输入信号检测	自动频率控制、遥控接收输入	AGC/ 静音控制输出	—	制式选择控制
10	静音控制输出 2	场逆程脉冲信号输入	空、频段切换控制	静噪控制	TV 视频信号输入	高频头频段切换控制 2
19	AV1 视频信号或 S 端子 Y 信号输入	AV2 视频信号或 S 端子 Y 信号输入	AV2 或 YUV 的 Y 信号输入、TV 解调后视频输入	DVD 的 Y 信号输入	DVD 的 Y 信号输入	TV 解调后视频输入
20	AV2 的视频信号或 YUV 端子的 Y 信号输入	DVD 的 Y 信号输入	AV1 或 S 端子 Y 信号输入	S 端子亮度视频输入	S 端子 Y 信号或 AV3 端子视频信号输入	外部视频信号输入
21	TV 解调后视频信号输入	TV 解调后视频信号输入	TV 解调后视频信号输入、AV2 或 YUV 视频输入、亮度信号输入	TV 解调后视频信号输入	AV2 视频输入	外部视频信号输入 2
22	AV3 视频输入	AV1 视频输入	AV3 视频输入、视频信号输入 1	AV 视频输入	AV1 视频输入	S 端子亮度信号输入
49	音频信号输入	保护检测信号输入	空脚、音频信号输入	蓝背景输出控制	AV3 音频信号输入	音频信号输入
50	音频信号输入 2	空脚	空脚、音频信号输入 2	S 视频识别信号输入	S3 端子检测信号输入	音频信号输入 2
51	音频信号输入 3	音频信号输入	空脚、音频信号输入 1	伴音信号输入	音频信号输入	音频信号输入
52	音频信号输入 1	音频信号输入 1	空脚、音频信号输入 2	音频信号输入 1	音频信号输出	STAT 数据线输出
53	音频信号输入 2	音频信号输入	空脚、音频信号输入 1	音频信号输出 2	音频信号输出	音频信号输出
61	指示灯驱动输出	遥控信号输入	指示灯驱动输出、键控信号输入	遥控信号输入	遥控信号输出	键控信号输入

续表

VCT38×× 系列超级芯片的可编程引脚功能					
脚号	VCT3801A	VCT3802	VCT3803A	VCT3804/34	VCT3804F	VCT3831A
62	遥控信号输入	键控信号输入	遥控信号输入、键控信号输入	键控信号输入	键控信号输入	遥控信号输入
63	键控信号输入	键控信号输入 2	键控信号输入 2、声音处理复位信号输出	待机控制输出	待机控制输出	待机控制输出
64	单独挺伴音控制	待机控制输出	单独挺伴音控制	倾斜失真校正控制输出	倾斜失真校正控制输出	音量控制

VCT38×× 系列超级芯片的通用引脚功能			
脚号	功能	脚号	功能
3	I/O 接口电路电源（5V）	35	正极性场激励脉冲输出
4	I/O 接口电路接地	36	枕形失真校正电压输出
11	视频信号输出	37	黑电流（RGB 阴极电流）检测信号输入
12	参考电压，外接滤波电容	38	接地
13	参考电压电路接地	39	黑电流检测开关信号输入 1
14	前级模拟电路接地	40	黑电流检测开关信号输入 2
15	前级模拟电路电源（5V）	41	速度调制信号输出
16	色差信号或 DVD U 信号输入	42	红基色信号输出
17	S 端子色度信号输入	43	绿基色信号输出
18	色差信号或 DVD V 信号输入	44	蓝基色信号输出
23	测试端或时钟信号端	45	后级模拟电路电源（5V）
24	行激励脉冲信号输出	46	后级模拟电路接地
25	数字电路电源（3.3V）	47	RGB 检测参考电压滤波端
26	数字电路接地	48	基准电压设置
27	消隐信号反馈输入	54	微处理器电源（3.3V）
28	红字符信号输入	55	微处理器接地
29	绿字符信号输入	56	晶振输入
30	蓝字符信号输入	57	晶振输出
31	场保护信号输入	58	复位信号输入
32	安全模式电平设定	59	I^2C 总线时钟信号输出
33	行逆程脉冲信号输入	60	I^2C 总线数据输入 / 输出
34	负极性场激励脉冲输出		

2.4 扫描系统

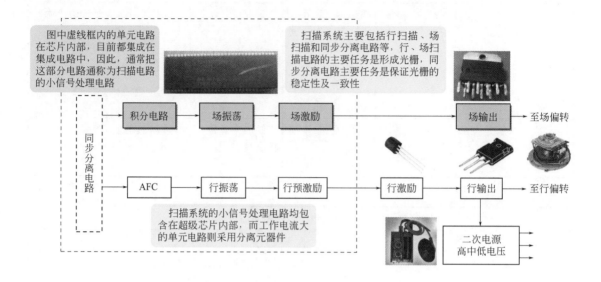

图中虚线框内的单元电路在芯片内部，目前都集成在集成电路中，因此，通常把这部分电路通称为扫描电路的小信号处理电路

扫描系统主要包括行扫描、场扫描和同步分离电路等，行、场扫描电路的主要任务是形成光栅，同步分离电路主要任务是保证光栅的稳定性及一致性

同步分离电路

积分电路 → 场振荡 → 场激励 → 场输出 → 至场偏转

AFC → 行振荡 → 行预激励 → 行激励 → 行输出 → 至行偏转

扫描系统的小信号处理电路均包含在超级芯片内部，而工作电流大的单元电路则采用分离元器件

二次电源
高中低电压

▶2.4.1 行扫描电路分析

① 光栅的形成

图像的拍摄是利用摄像机中的摄像管来实现光 - 电的转换。摄像机是把景物通过扫描（光的体现）转换成为像素（电的体现），然后经过处理再通过调制发射出去，而电视机是通过显像管进行电 - 光转换，重新还原出原景物。上面的这些转换都离不开光栅。

视觉暂留特性	视觉暂留特性就是指人眼在观察物体或图像时，尽管外界图像已经消失，但人的视觉还把这个图像保留一段短暂的时间。例如，在黑暗处用点燃的香烟快速地划圆圈，我们看到的不是一个转动的光点，而是一个亮圈，这就是视觉暂留特性
像素	我们从各种黑白图片上可以看出，每一幅图片都是由许许多多亮暗不同的小点点所组成的，这些小点点称为像素。在同一幅图片中，像素的数目与清晰度成正比，像素越多，图片越清晰；反之，图片越模糊

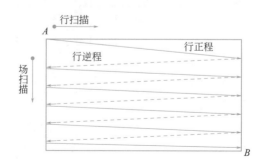

扫描	扫描就是摄像管或显像管利用电子束对图像进行分割，使之成为许许多多的像素，我们把电子束从左到右，从上到下的运动过程称为扫描。电子束在屏幕上沿水平方向的扫描称为行扫描，沿垂直方向的扫描称为场扫描（亦称帧扫描）
光栅	由于实际中电子束的两种扫描是同时进行的，且行扫描速度远远大于场扫描速度，所以屏幕上得到的是一行紧接一行略向下方倾斜的水平亮线，这样，行、场扫描合成为光栅
正程、逆程	电子束从上向下、从左到右一行接着一行地依次扫描称为逐行扫描。上图中的实线表示行扫描正程，虚线表示行扫描逆程。正程时间长，逆程时间短，一个正程时间与一个逆程时间的和称为一个行周期，用 T_H 表示
消隐	电视机是在扫描正程时间内显示图像的，而在逆程时间内不传送图像，因此要把逆程的回扫线消去，使它不出现在显示屏上（称为消隐），以保证图像的清晰度 电子束在垂直方向从 A 到 B 完成一帧（幅）扫描，称为帧扫描正程；再从 B 回到 A 的过程，称为帧扫描逆程（图中未画出）。同样，帧逆程也要加以消隐。帧扫描正程时间与其逆程时间的和称为一个帧周期，用 T_V 表示
我国电视标准规定参数	行频：f_H=15625 Hz　　　行周期：T_H=64μs 行正程时间：52μs　　　行逆程时间：12μs 场频：f_V=50 Hz　　　场周期：T_V=20ms 场正程时间：18.4 ms　　场逆程时间：1.6 ms 每帧总行数：625 行　　每场行数：312.5 行

② 行扫描电路的结构特点

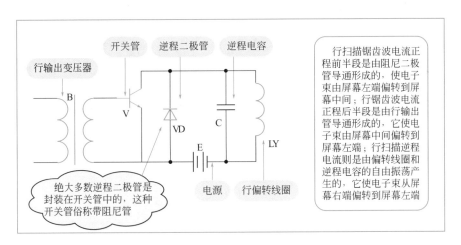

行输出变压器　开关管　逆程二极管　逆程电容

B　V　VD　C　E　LY

绝大多数逆程二极管是封装在开关管中的，这种开关管俗称带阻尼管

电源　行偏转线圈

行扫描锯齿波电流正程前半段是由阻尼二极管导通形成的，使电子束由屏幕左端偏转到屏幕中间；行锯齿波电流正程后半段是由行输出管导通形成的，它使电子束由屏幕中间偏转到屏幕左端；行扫描逆程电流则是由偏转线圈和逆程电容的自由振荡产生的，它使电子束从屏幕右端偏转到屏幕左端

③ 行扫描实际电路分析

长虹 SF2111 机型行扫描电路原理如下图所示。

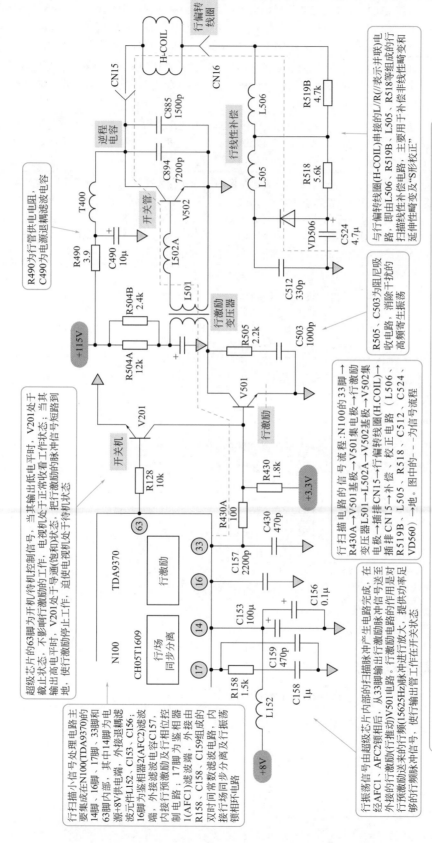

4 行输出变压器

长虹 SF2111 机型行输出变压器电路原理如下图。

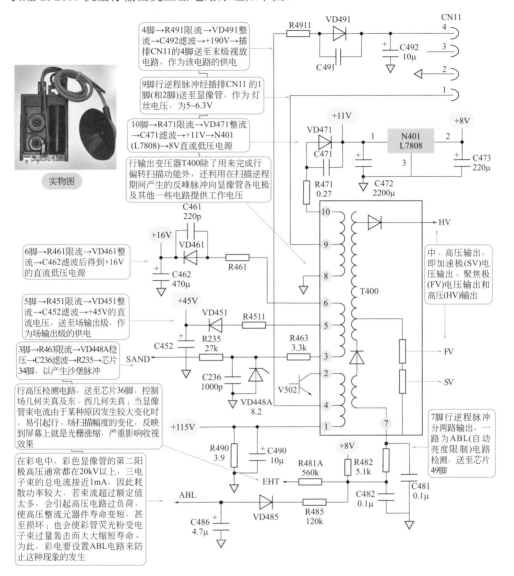

实物图

4脚→R491限流→VD491整流→C492滤波→+190V→插排CN11的4脚送至末级视放电路，作为该电路的供电

9脚行逆程脉冲经插排CN11的1脚(和2脚)送至显像管，作为 灯丝电压，为5~6.3V

10脚→R471限流→VD471整流→C471滤波→+11V→N401(L7808)→8V直流低压电源

行输出变压器T400除了用来完成行偏转扫描功能外，还利用在扫描逆程期间产生的反峰脉冲向显像管各电极及其他一些电路提供工作电压

6脚→R461限流→VD461整流→C462滤波后得到+16V的直流低压电源

5脚→R451限流→VD451整流→C452滤波→+45V的直流电压，送至场输出级，作为场输出级的供电

3脚→R463限流→VD448A稳压→C236滤波→R235→芯片34脚，以产生沙堡脉冲

行高压检测电路，送至芯片36脚，控制场几何失真及东、西几何失真；当显像管束电流由于某种原因发生较大变化时，易引起行、场扫描幅度的变化，反映到屏幕上就是光栅涨缩，严重影响收视效果

在彩电中，彩色显像管的第二阳极高压通常都在20kV以上，三电子束的总电流接近1mA，因此耗散功率较大，若束流超过额定值太多，会引起高压电路过负荷，使高压整流元器件寿命变短，甚至损坏；也会使彩管荧光粉受电子束过量轰击而大大缩短寿命。为此，彩电要设置ABL电路来防止这种现象的发生

中、高压输出，即加速极(SV)电压输出、聚焦极(FV)电压输出和高压(HV)输出

7脚行逆程脉冲分两路输出，一路为ABL(自动亮度限制)电路检测，送至芯片49脚

行输出变压器各引脚功能

引脚号	引脚符号	各引脚功能
1	+B	主电源（+B=115V）电压输入端
2	H-COIL	行输出管（开关管）供电，接行输出管集电极
3	SAND	行逆程脉冲（以产生沙堡脉冲）输出
4	+190V	末级视放电源
5	+45V	+45V 场输出供电电源
6	+15V	+15V 低压电源
7	ABL 与 EHT	ABL(自动亮度限制)与 EHT（行高压检测）输出
8	GND	接地端

引脚号	引脚符号	各引脚功能
行输出变压器各引脚功能		
9	HENT	灯丝电压
10	+11V（+8V）	+11V 和 +8V 低压电源
—	HV	高压输出
—	FV	聚焦电压输出

▶2.4.2　场扫描电路分析

长虹 SF2111 机型场扫描电路原理图分析如下。

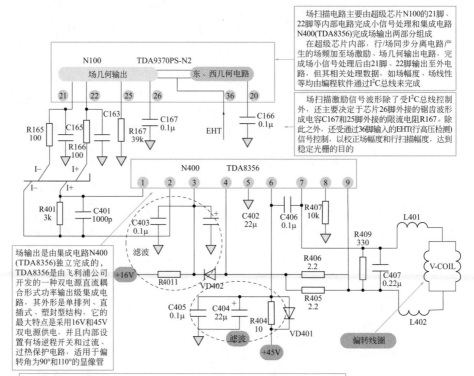

场扫描电路主要由超级芯片N100的21脚、22脚等内部电路完成小信号处理和集成电路N400(TDA8356)完成场输出两部分组成

在超级芯片内部，行/场同步分离电路产生的场频加至场激励、场几何输出电路，完成场小信号处理后由21脚、22脚输出至外电路，但其相关处理数据，如场幅度、场线性等均由编程软件通过I^2C总线来完成

场扫描激励信号波形除了受I^2C总线控制外，还主要决定于芯片26脚外接的锯齿波形成电容C167和25脚外接的限流电阻R167。除此之外，还要通过36脚输入的EHT(行高压检测)信号控制，以校正场幅度和行扫描幅度，达到稳定光栅的目的

场输出是由集成电路N400(TDA8356)独立完成的，TDA8356是由飞利浦公司开发的一种双电源直流耦合形式功率输出级集成电路，其外形是单排列、直插式、塑封型结构，它的最大特点是采用16V和45V双电源供电，并且内部设置有场逆程开关和过流、过热保护电路，适用于偏转角为90°和110°的显像管

场扫描信号流程：
芯片N100内部的场扫描小信号处理电路所产生的场激励信号分为正、负两个极性(I-、I+)分别从21脚、22脚输出，然后分别通过R165、R166送至N400(TDA8356)的1脚、2脚，在其内部经放大处理后，分别从4脚、7脚输出，经L402、L401、插排送至场偏转线圈V-COIL上，使显像管产生垂直扫描

脚号	引脚符号	各脚主要功能	脚号	引脚符号	各脚主要功能
TDA8356 各脚主要功能					
1	IN_A	正极性场激励信号输入	6	V_{FB}	场逆程供电
2	IN_B	负极性场激励信号输入	7	OUT_A	正极性场功率输出
3	V_D	场信号处理电路供电	8	GUARD	保护输出，高电平保护动作
4	OUT_B	负极性场功率输出	9	FEEDB	输入反馈电压
5	GND	接地			

2.5 公共通道

2.5.1 公共通道的组成

① 公共通道组成方框图

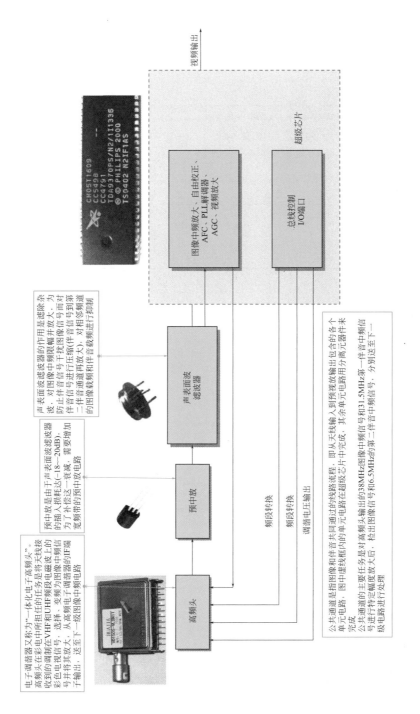

电子调谐器又称为一体化电子高频头。高频头在彩电中所担任务是将天线接收到的任意调制在VHF和UHF频段电磁波上的彩色电视信号，变频为图像中频信号选择。从高频调谐器的IF端子输出，送至下一级图像中频电路，并将其放大，送至下一级图像中频电路。

预中放是由于声表面波滤波器的插入损耗达(18~20dB)，为了补偿这一衰减，需要增加宽频带的预中放电路。

声表面波滤波器的作用是滤除杂波，对图像中频信号限幅并放大，为防止伴音信号干扰图像信号而对伴音信号进行压缩(伴音信号到第二伴音通道再放大)，对相邻频道的图像载频和伴音载频进行抑制。

公共通道是指图像和伴音共同通过的线路流程，即从天线输入到预视放输出都包含的各个单元电路。图中虚框内的单元电路在超级芯片中完成，其余单元电路用来完成。
公共通道的主要任务是对高频头输出的38MHz图像中频信号进行特定幅度放大后，检出图像中频信号31.5MHz和第一伴音中频信号、号和图像中频信号和6.5MHz的第二伴音中频信号，分别送至下一级电路进行处理。

声表面波
滤波器

预中放

频段转换

频段转换

调谐电压输出

高频头

图像中频放大、自由校正、
AFC、PLL解调器、
AGC、视频放大

总线控制
I/O端口

超级芯片

视频输出

② 高频头

高频调谐器简称高频头，内部的单元电路及结构较为复杂，通常将它独立装置在金属盒子里，由引脚与外电路相连接，维修有一定的困难，内部损坏后一般可采取整体代换，因此，只讨论它的引脚功能原理。

脚号	符号	引脚功能	脚号	符号	引脚功能
TDQ-5B6-M 电压合成式高频头引脚功能					
1、2	GND	接地，本机两脚悬空	8	B_M（+B）	高频头工作电压，+5V
3	AGC	高频放大级自动增益控制输入	9	AFC	自动频率控制。本机悬空，其功能是由 N100 内部电路通过锁定 V_T 电压来实现
4	V_T	调谐选台电压。调整电压范围在 0 ～ 30V 内，改变调谐电压，就能改变接收电视台的频道	10、11		本机两脚悬空
5	B_U	UHF 波段工作电压	12	IF1	中频载波信号输出 1
6	B_H	VHF-H 波段工作电压	13	IF2	中频载波信号输出 2，本机接地
7	B_L	VHF-L 波段工作电压	14、15	GND	接地

根据我国现行电视广播制式，电视机接收频段、频率范围如下表所示。

机型	频段		频率范围 /MHz
电视机接收频段、频率范围			
标准型	V_L（B_L）	1 ～ 5	49.75 ～ 85.25
	V_H（B_H）	6 ～ 12	168.25 ～ 216.25
	U（B_U）	13 ～ 68	471.25 ～ 863.25
加密型	V_L（B_L）	$Z_1 ～ Z_3$	49.75 ～ 128.25
	V_H（B_H）	$Z_4 ～ Z_{27}$	136.25 ～ 376.25
	U（B_U）	$Z_{28} ～ Z_{57}$	384.25 ～ 863.25

关于电视机的一些专业术语解释	
频率	频率是指在 1s 内无线电波变化的次数，用 f 表示，单位为 Hz（赫兹）
周期	周期是指无线电波变化一次所需的时间，用 T 表示，单位为 s（秒）
自动增益	摄像机输出的视频信号必须达到电视传输规定的标准电平，即为了能在不同的景物照度条件下都能输出标准视频信号，必须使放大器的增益能够在较大的范围内进行调节。这种增益调节通常都是通过检测视频信号的平均电平而自动完成的，实现此功能的电路称为自动增益控制电路，简称 AGC 电路
调谐	调是调整、调节；谐是谐振；调谐就是调整频率，最简单地说就是调节电台节目——选台

③ 全电视信号

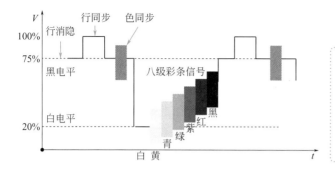

彩色电视信号由图像信号（视频信号）和伴音信号组成。全电视信号又简称视频信号，PAL 制彩色全电视信号 E 是由色度信号（F）、亮度信号（Y），行、场复合消隐信号（B），行、场复合同步信号（S）及色同步信号、前后均衡脉冲和槽脉冲等组成，缩写成 FBYS

▶ 2.5.2　公共通道电路分析

① TCL-AT26166 机型公共通道电路分析

信号流程：
由电视天线所接收的信号或有线电视信号输入到调谐器中，在其内部经高频放大、混频等处理后的中频信号，由调谐器TU101的6脚IF端子输出，经遇中放Q101放大和声表面波滤波器Z101滤波后送至超级芯片的中频电路中，即超级芯片IC201的23、24脚

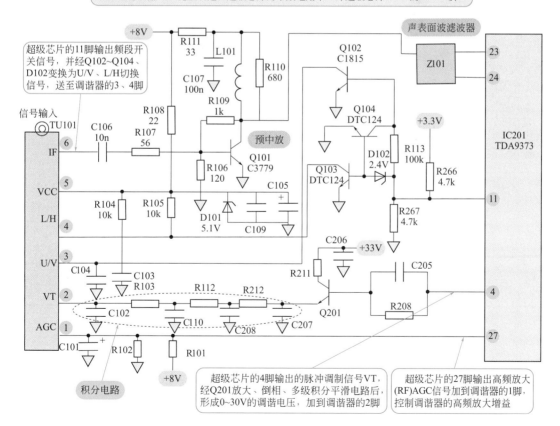

② 长虹 SF2111 机型公共通道电路分析

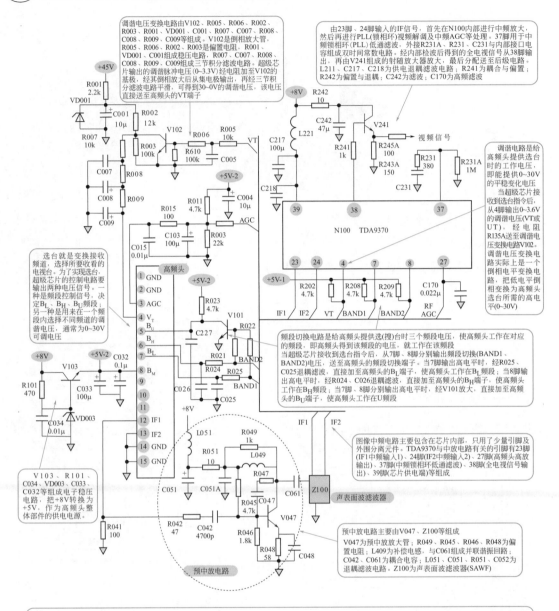

调谐电压变换电路由V102、R005、R006、R002、R003、R001、VD001、C001、R007、C007、R008、C008、R009、C009等组成。V102是倒相放大管，R005、R006、R002、R003是偏置电阻，R001、VD001、C001组成稳压电路，R007、C007、R008、C008、R009、C009组成三节积分滤波电路。超级芯片输出的调谐脉冲电压(0~3.3V)经电阻加至V102的基极，经其倒相放大后从集电极输出，再经三节积分滤波电压平滑，可得到30~0V的调谐电压，该电压直接送至高频头的VT端子

由23脚、24脚输入的IF信号，首先在N100内部进行中频放大，然后再进行PLL(锁相环)视频解调与中频AGC等处理。37脚用于中频锁相环(PLL)低通滤波，外接R231A、R231、C231与内部接口电容组成双时间常数电路。经内部检波后得到的全电视信号从38脚输出，再由V241组成的射随放大器放大，最后分配送至后级电路。L211、C217、C218为供电退耦滤波电路；R241为耦合与偏置；R242为偏置与退耦；C242为滤波；C170为高频滤波

调谐电路是给高频头提供选台时的工作电压，即能提供0~30V的平稳变化电压

当超级芯片接收到选台指令后，从4脚输出0~3.6V的调谐电压(VT或UT)，经电阻R135A送至调谐电压变换电路V102。调谐电压变换电路实际上是一个倒相电平变换电路，把低电平倒相变换为高频道选台所需的高电平(0~30V)

选台就是变换接收频道，选择所要收看的电视台。为了实现选台，超级芯片的控制电路要输出两种电压信号。一种是频道控制信号，决定B_L、B_H、B_U频段；另一种是用来在一个频段内选择不同频道的调谐电压，通常为0~30V可调电压

频段切换电路是给高频头提供选(搜)台时三个频段电压，使高频头工作在对应的频段，即高频头得到该频段的电压，就工作在该频段

当超级芯片接收到选台指令后，从7脚、8脚分别输出频段切换(BAND1、BAND2)电压，送至高频头的频段切换换管。当7脚输出高电平时，经R025、C025退耦滤波，直接加到高频头的B_L端子，使高频头工作在B_L频段；当8脚输出高电平时，经R024、C026退耦滤波，直接加到高频头的B_H端子，使高频头工作在B_H频段；当7脚、8脚分别输出高电平时，经V101放大，直接加至高频头的B_U端子，使高频头工作在U频段

V103、R101、C034、VD003、C033、C032等组成电子稳压电路，把+8V转换为+5V，作为高频头整体部件的供电电源。

图像中频电路主要包含在芯片内部，只用了少量引脚及外围分离元件。TDA9370与中放电路有关的引脚有23脚(IF1中频输入1)、24脚(IF2中频输入2)、27脚(高频头高输出)、37脚(中频锁相环低通滤波)、38脚(全电视信号输出)、39脚(芯片供电端)等组成

预中放电路主要由V047、Z100等组成

V047为预中放大管；R049、R045、R046、R048为偏置电阻；L409为补偿电感，与C061组成并联谐振回路；C042、C061为耦合电容；L051、C051、R051、C052为退耦滤波电路。Z100为声表面波滤波器(SAWF)

公共通道的信号流程：天线→高频头→高频头12脚IF(中频输出)→R042、C042→V047基极→V047集电极→C061→Z100→TDA9370的23、24脚→TDA9370的38脚、R241→V241基极→V241发射极→R245A→输出视频信号

彩色电视信号的特点和作用

亮度、色度这两个信号在行、场扫描的正程期间出现。亮度信号反映的是像素的亮暗程度，即黑白图像；色度信号反映的是像素的彩色变化，即景物的颜色

复合消隐信号包括行消隐和场消隐，分别在行、场逆程期间出现。光栅现成的扫描需要逆程，而反映景物的图像是不能出现回扫线的，因此，需要用行消隐信号和场消隐信号来消除逆程期间的回扫线，保证图像的清晰度

复合同步信号包括行同步和场同步，分别在行、场逆程期间出现。主要作用是保证发送端与接收端的电子扫描相位和频率保持一致

续表

彩色电视信号的特点和作用
色同步信号出现在行消隐的后肩。主要作用是给接收端产生的副载波提供频率、相位与发送端一致的基准，还给出 V（色差解调）信号的切换信号，使接收端电子开关按发送端极性同步切换
前后均衡脉冲使接收机的隔行扫描准确，不出现并行现象，同时也使接收机的行同步稳定槽脉冲的主要作用是保证行同步信号的连续性

2.6 伴音通道

2.6.1 伴音通道的组成

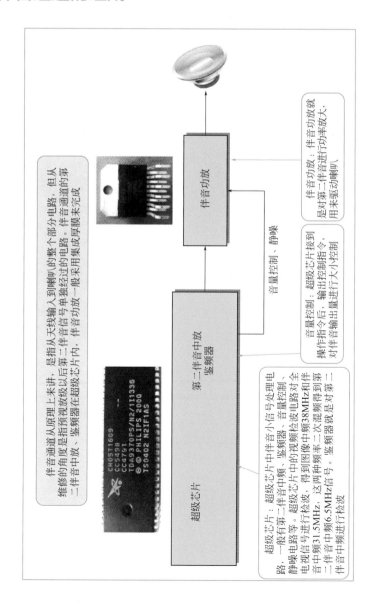

伴音通道从原理上来讲，是指从天线输入到喇叭的整个部分电路。但从维修的角度是指预视频放以后电路。伴音通道的第二伴音中放、鉴频器在超级芯片内，集成采用厚膜来完成

超级芯片：超级芯片中伴音中频、鉴频器、音量控制、静噪电路等一般有第二伴音中频、鉴频器、音量控制、静噪电路等。超级芯片中的视频检波电路对全电视信号进行检波，得到图像中频38MHz和伴音中频31.5MHz。这两种频率二次混频得到第二伴音中频6.5MHz信号。鉴频器就是对第二伴音中频进行检波

音量控制：超级芯片接收到操作控制指令后，输出控制指令对伴音输出量进行大小控制

伴音功放：伴音功放就是对第二伴音进行功率放大，用来驱动喇叭

2.6.2 伴音通道电路分析

1 长虹 SF2111 机型伴音通道电路分析

\multicolumn{6}{c}{伴音功放集成厚膜 TDA8943 的引脚功能}
脚号	符号	引脚功能	脚号	符号	引脚功能
1	OUT-	反向输出	6	SVR	1/2 供电退耦
2	V_{CC}	电源供电	7	MODE	模式选择输入
3	OUT+	正向输出	8	GND	接地
4	IN+	正向输入	9	NC	空脚
5	IN-	反向输入			

\multicolumn{6}{c}{超级芯片与伴音通道有关的引脚功能}
脚号	符号	引脚功能	脚号	符号	引脚功能
10	LOWFPEA-ON/OFF	低音提升开关控制	32	SIF	6.5MHz 伴音中频信号输入
28	AOUT	伴音去加重滤波端	35	EXT	外部音频信号输入
29	DECSDEM	音频解调退耦	44	AOUDOUT	音频信号输出
30	GND	接地端 2	62	INT1	静音控制
31	SNDPLL	伴音锁相环滤波			

静噪电路：静噪电路的主要作用就是在按动遥控器上的静音键或按动待机键关机，或无电台信号输入时，使喇叭无声音发出，达到静噪的目的
静噪电路主要由超级芯片的62脚、V890、V601A、V601、伴音功放N600的7脚等组成。当静噪起控时，芯片的62脚输出高电平，与此同时V890也呈导通状态，导致V601A导通，V601截止，故N600的7脚呈高电平，伴音功放电路处于静噪状态；反之，芯片的62脚输出低电平，N600的7脚呈低电平，静噪电路不起控

供电电路：伴音功放集成电路N600(TDA8943)采用+12V供电，+12V电源经P611(插排)、R601、C601、C602退耦滤波后，直接加至TDA8943的2脚，8脚为接地端子

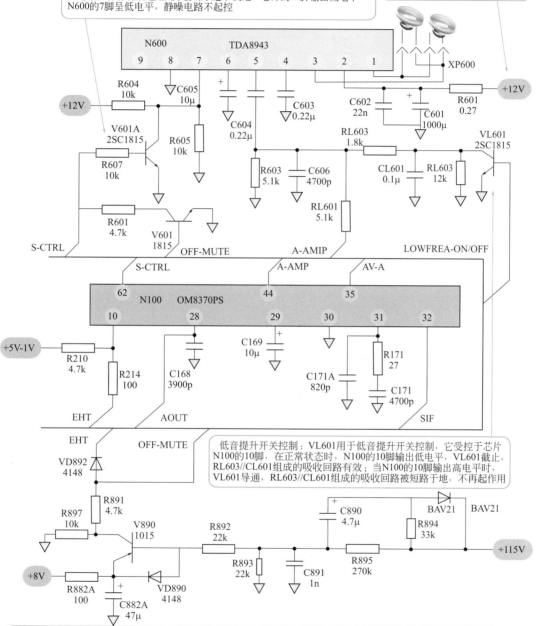

低音提升开关控制：VL601用于低音提升开关控制，它受控于芯片N100的10脚，在正常状态时，N100的10脚输出低电平，VL601截止，RL603//CL601组成的吸收回路有效；当N100的10脚输出高电平时，VL601导通，RL603//CL601组成的吸收回路被短路于地，不再起作用

伴音通道信号流程：
　　超级芯片N100的38脚输出的全电视信号经射随器V241后，分成两路，一路送至视频电路；另一路送至伴音通道，即芯片N100的32脚（有些机型是全电视信号在芯片内部直接送至伴音通道）。进入32脚的信号实际上是第二伴音中频(6.5MHz)，在芯片内部经过中频放大、鉴频(解调)还原出音频信号。该音频信号与芯片35脚输入的AV信号一同经过内部处理，从44脚输出，然后经RL601、C604等送至伴音功放N600的5脚，在TDA8943内部对该音频信号进行功率放大，最后由3脚、1脚分别输出两路信号，通过插排XP600送至两只喇叭，使其还原出声音。
　　N100的31脚外接的C171A、R171、C171为双时间常数滤波电路；N600的3脚、1脚间的R608、C605A(图中未示出)为频率补偿电路，用于改善音质

② **TCL-N21K3 机型伴音通道电路分析**

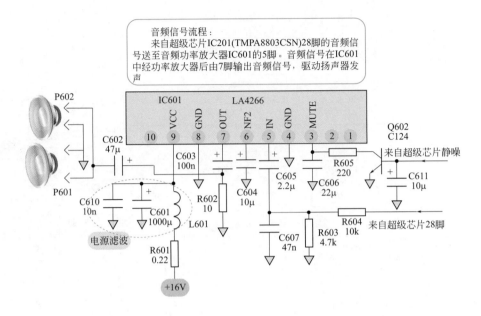

音频信号流程：
来自超级芯片IC201(TMPA8803CSN)28脚的音频信号送至音频功率放大器IC601的5脚。音频信号在IC601中经功率放大器后由7脚输出音频信号，驱动扬声器发声

2.7 解码系统

▶ 2.7.1 解码系统的组成

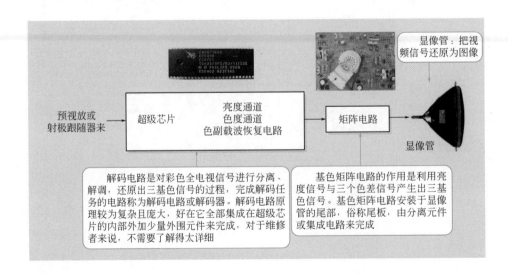

显像管：把视频信号还原为图像

解码电路是对彩色全电视信号进行分离、解调，还原出三基色信号的过程，完成解码任务的电路称为解码电路或解码器。解码电路原理较为复杂且庞大，好在它全部集成在超级芯片的内部外加少量外围元件来完成，对于维修者来说，不需要了解得太详细

基色矩阵电路的作用是利用亮度信号与三个色差信号产生出三基色信号。基色矩阵电路安装于显像管的尾部，俗称尾板，由分离元件或集成电路来完成

▶2.7.2 彩色显像管及附属器件

① 显像管

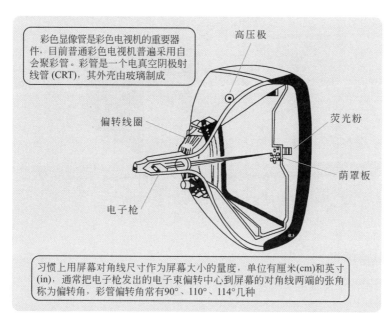

彩色显像管是彩色电视机的重要器件，目前普通彩色电视机普遍采用自会聚彩管。彩管是一个电真空阴极射线管 (CRT)，其外壳由玻璃制成

高压极

荧光粉

荫罩板

偏转线圈

电子枪

习惯上用屏幕对角线尺寸作为屏幕大小的量度，单位有厘米(cm)和英寸(in)，通常把电子枪发出的电子束偏转中心到屏幕的对角线两端的张角称为偏转角，彩管偏转角常有90°、110°、114°几种

常见的彩管尺寸						
英制 / in	19	20	21	25	29	34
公制 /cm	47	51	54	64	74	87

彩管的内部结构可分为电子枪、荫罩板和荧光屏等几大部分

电子枪中的红、绿、蓝三个阴极是各自独立的，而栅极、加速极、聚焦极和高压极是公用的

高压阳极。高压阳极又称高压极，是用金属连接起来的两个金属圆筒，起加速电子和电子聚焦双重作用。工作电压一般为10~27kV，也是由行输出变压器提供。高压极一般用HV或A_2、A_4表示

聚焦极。聚焦极也是一个金属圆筒，主要起电子聚焦作用，使射向屏幕的电子束流光点不致产生散焦现象。工作电压一般为5~8kV，也是由行输出变压器提供。聚焦极一般用G_3或A_3表示

栅极。栅极又称为控制极，它与阴极形成一个栅控电压，该电压的大小可决定电子束流的强弱，即达到调节亮度的目的。栅极通常接地，阴极可加变电压和视频信号。栅极一般用G_1表示

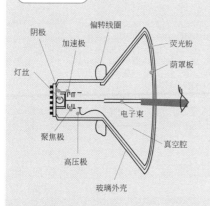

阴极

加速极

偏转线圈

荧光粉

荫罩板

灯丝

电子束

聚焦极

真空腔

高压极

玻璃外壳

显像管锥体的内外壁涂有石墨碳层或喷镀铝膜，内壁石墨层和高压阳极相连，外壁通过弹簧片和电路板地端相连，锥体玻璃两边的石墨碳层形成一个"管壳电容"，作为高压阳极的滤波电容。高压阳极(俗称高压嘴)也在锥体上，它和管内的高压阳极相连

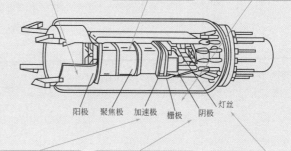

阳极　聚焦极　加速极　栅极　阴极　灯丝

加速极。加速极是利用其上所加的高电压，加速和提高电子束流射向屏幕的速度。加速极电压的大小，与显像管的亮度成正比。工作电压一般为100~450V，也是由行输出变压器提供。加速极一般用G_2或A_1表示

阴极。阴极受热后可产生并发射电子。它的形状是一个圆筒状，一端开口，内装灯丝，另一端只有一小孔，电子束流便从此孔射出。阴极一般用K表示，K_R、K_G、K_B分别表示红、绿、蓝三阴极

灯丝。灯丝加电后点亮，对阴极进行加热。灯丝是由钨铝合金绕制成螺旋形，通常灯丝电压为交流6.3V，电流为0.6mA左右，一般用F表示

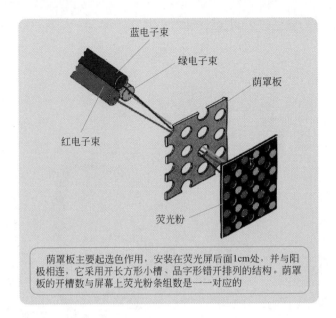

荫罩板主要起选色作用，安装在荧光屏后面1cm处，并与阳极相连，它采用开长方形小槽、品字形错开排列的结构。荫罩板的开槽数与屏幕上荧光粉条组数是一一对应的

② **显像管附属器件**

显像管附属器件主要有偏转线圈、色纯与会聚组件和消磁线圈等。

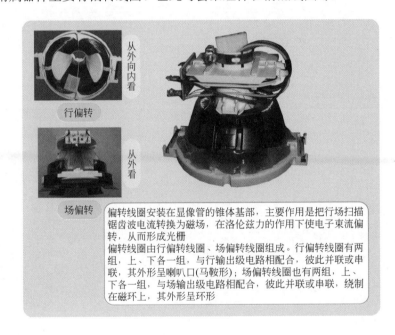

偏转线圈安装在显像管的锥体基部，主要作用是把行场扫描锯齿波电流转换为磁场，在洛伦兹力的作用下使电子束流偏转，从而形成光栅

偏转线圈由行偏转线圈、场偏转线圈组成。行偏转线圈有两组，上、下各一组，与行输出级电路相配合，彼此并联或串联，其外形呈喇叭口(马鞍形)；场偏转线圈也有两组，上、下各一组，与场输出级电路相配合，彼此并联或串联，绕制在磁环上，其外形呈环形

2.7.3 解码系统电路分析

① 解码系统小信号处理电路

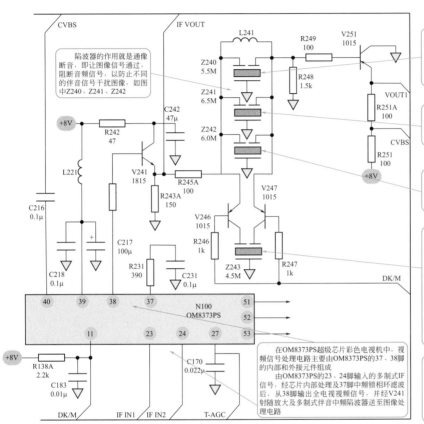

陷波器的作用就是通像断音,即让图像信号通过,阻塞音频信号,以防止不同的伴音信号干扰图像,如图中Z240、Z241、Z242

Z240为6.5MHz陶瓷陷波器,主要用于滤出PAL-D/K制全电视视频信号中的6.5MHz伴音第二中频信号,只让视频信号(其中包含有色度信号)通过L241加至V251,并由V251放大后分成两路输出

Z241为6.5MHz陶瓷陷波器,主要用于滤出PAL-I制全电视视频信号中的6.5MHz伴音第二中频信号,只让视频信号通过L241加至V251

Z242为6.0MHz 陶瓷陷波器,主要用于滤出PAL-I制全电视视频信号中的6.0MHz伴音第二中频信号,只让视频信号通过L241加至V251

Z243为4.5MHz陶瓷滤波器,主要用于滤除NTSC-M制式全电视视频信号中的4.5MHz伴音第二中频信号,但它是在V246、V247的控制下才能够起作用的。在PAL制式或SECAM制式中,V246、V247截止,Z243不接入电路。当系统转换在接收NTSC制式时,OM8373PS的11脚输出低电平,使V246、V247同时导通,将Z243接入电路,此时NTSC-M制式全电视视频信号中的4.5MHz伴音第二伴音信号被滤除,只能让视频图像信号通过L241

在OM8373PS超级芯片彩色电视机中,视频信号处理电路主要由OM8373PS的37、38脚的内部和外接元件组成

由OM8373PS的23、24脚输入的多制式IF信号,经芯片内部处理及37脚中频锁相环滤波后,从38脚输出全电视视频信号,并经V241射随放大及多制式伴音中频陷波器送至图像处理电路

进入40脚的全电视视频信号,在芯片内部的处理过程是复杂的,经内部放大、解调、分离与合成等一系列处理后,分别从芯片51脚、52脚、53脚输出红、绿、蓝三基色信号,在芯片外围分别送至末级视放电路(尾板)。图中这部分电路没有画出

N100 超级芯片解码系统有关各脚功能			
37	中频锁相环滤波	53	蓝基色信号输出端
38	全电视视频信号输出	11	伴音中频制式控制
39	+8V 电源	23	中频载波信号输入 1
40	TV 视频信号输入	24	中频载波信号输入 2
51	红基色信号输出端	27	射频 AGC 输出
52	绿基色信号输出端		

② 末级视放电路方框图

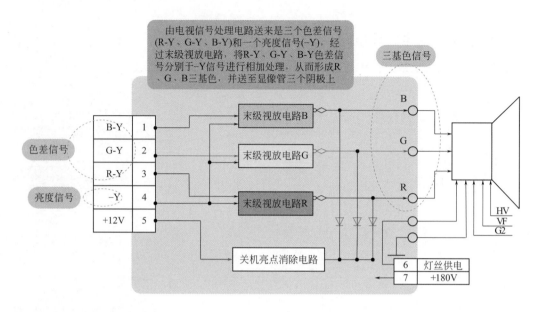

由电视信号处理电路送来是三个色差信号(R-Y、G-Y、B-Y)和一个亮度信号(-Y)，经过末级视放电路，将R-Y、G-Y、B-Y色差信号分别于-Y信号进行相加处理，从而形成R、G、B三基色，并送至显像管三个阴极上

③ 厚膜式视放电路分析

末级视放电路通常组装在一块小电路板上，安装于显像管的尾部，根据所采用元器件的结构可分为两种形式：分离式和厚膜式。

在 29in 大屏幕彩电中，常采用集成电路 TDA6107Q，如下图所示是长虹 PF29118 彩电末级视放电路图。

TDA6107Q 是飞利浦公司开发设计的，主要用于大屏幕彩电末级视频放大的集成电路。其内部设有 3 组视频输出放大器，可直接驱动显像管的 3 个阴极，同时还设有黑电流自动检测输出功能，通过反馈环路实现自动暗平衡调整控制。

脚号	符号	功能	脚号	符号	功能
				TDA6107Q 的引脚功能	
1	IN1	G 信号反相输入	6	VP1	200V 末级视放电压输入
2	IN2	R 信号反相输入	7	FBK	B 信号功率输出
3	IN3	B 信号反相输入	8	VP2	R 信号功率输出
4	GND	地	9	V	G 信号功率输出
5	OUT(BC)	黑电平检测电流输出			

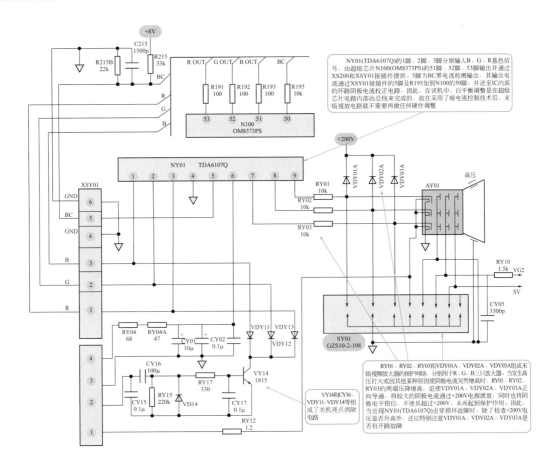

④ 分立式单管视放电路分析

TCL-N21K3 型彩色电视机视放电路原理如下图所示。

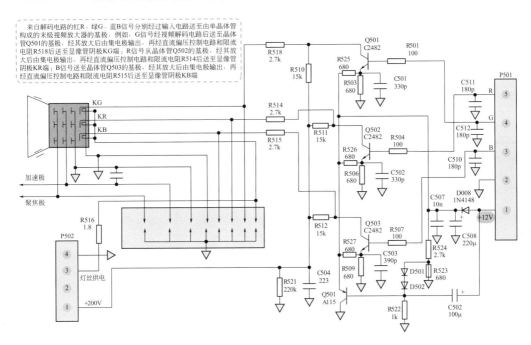

5 分立式多管视放电路分析

TCL-AT29166 彩色电视机末级视放电路原理如下图所示。

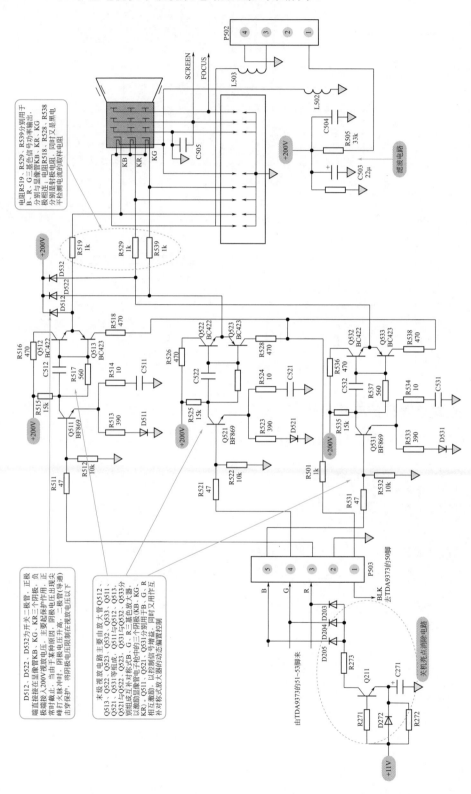

2.8 AV/TV 切换

① 分立式 AV/TV 切换电路原理分析

长虹 SF2111 机型 AV/TV 切换电路原理如下图所示。

外部AV输入信号在超级芯片N100内部受I²C总线控制与TV电视信号切换，切换选择后的视频信号从38脚输出，一方面送至40脚内部；另一方面通过C372耦合、V391射随、C392A、R392、V-OUT插口向机外其他显示设备提供视频信号源；切换选择后的音频信号一方面从44脚输出(图中未画出)送至伴音功放电路，另一方面从28脚输出，通过V370放大、C384耦合、V381射随、R385、L-OUT、R-OUT插口向机外输出，为其他音响设备提供音频信号源

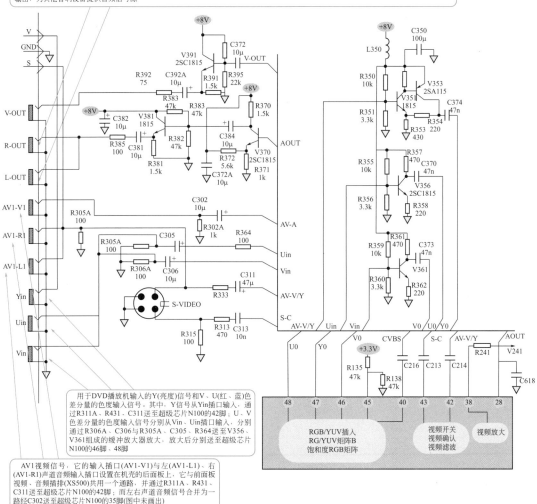

用于DVD播放机输入的Y(亮度)信号和V、U(红、蓝)色差分量的色度输入信号。其中，Y信号从Yin插口输入，通过R311A、R431、C311送至超级芯片N100的42脚；U、V色差分量的色度输入信号分别从Vin、Uin插口输入，分别通过R306A、C306和R305A、C305、R364送至V356、V361组成的缓冲放大器放大，放大后分别送至超级芯片N100的46脚、48脚

AV1视频信号，它的输入插口(AV1-V1)与左(AV1-L1)、右(AV1-R1)声道音频输入插口设置在机壳的后面板上，它与前面板视频、音频插排(XS500)共用一个通道，并通过R311A、R431、C311送至超级芯片N100的42脚；而左右声道音频信号合并为一路经C302送至超级芯片N100的35脚(图中未画出)

② 集成式 AV/TV 切换电路原理分析

CD4053 引脚功能		
脚号	功能	图形
1、2、3、5、12、13	输入 / 输出端	
9、10、11	控制端	

续表

CD4053 引脚功能		
脚号	功能	图形
4、14、15	公共输出 / 输出端	
6	禁止端	
7	模拟信号接地端	
8	数字信号接地端	
16	电源正极	

TCL-AT29166 彩色电视机 AV/TV 切换电路原理如下图所示。

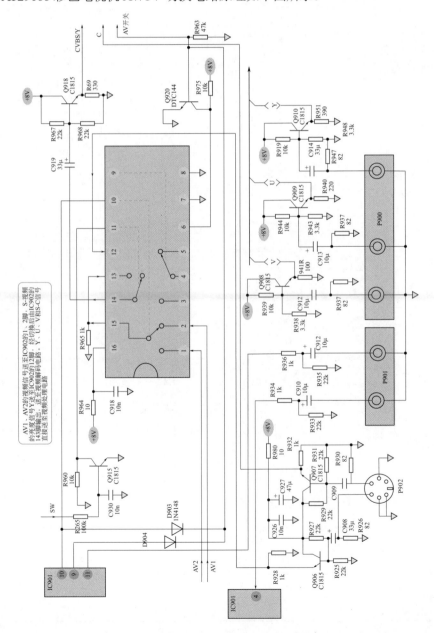

2.9 开关机、按键与接收头

2.9.1 开关机

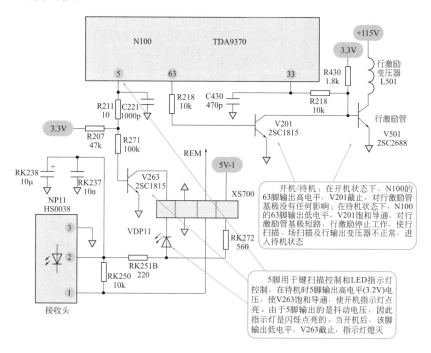

开机/待机：在开机状态下，N100的63脚输出高电平，V201截止，对行激励管基极没有任何影响；在待机状态下，N100的63脚输出低电平，V201饱和导通，对行激励管基极短路，行激励停止工作，使行扫描、场扫描及行输出变压器不正常，进入待机状态

5脚用于键扫描控制和LED指示灯控制，在待机时5脚输出高电平(3.2V)电压，使V263饱和而导通，使开机指示灯点亮。由于5脚输出的是抖动电压，因此指示灯是闪烁点亮的。当开机后，该脚输出低电平，V263截止，指示灯熄灭

2.9.2 本机按键

长虹 SF2111 彩色电视机本机按键电路原理如下图所示。

遥控电视机控制信号可以来自面板，也可以来自遥控器，即遥控信号有两种输入方式。若来自面板，则由键盘矩阵直接送给超级芯片

本机面板按键扫描电路由6只触发按键和6只矩阵电阻组成，其中电阻RK04、键KK03用于AV/TV转换控制；电阻RK05、键KK02用于菜单控制；电阻RK06、键KK01用于音量减控制；电阻RK03、键KK04用于音量增控制；电阻RK02、键KK05用于节目减控制；电阻RK01、键KK06用于节目增控制。按键是由若干个按钮组成的开关矩阵，每个按键都是一对常开触头。在键盘上有按键按下时，对闭合按键的识别由超级芯片内部的电路进行识读。这两组键扫描信号分别通过插排CN8、XSK01送到芯片的5脚、6脚，超级芯片N100(TDA9370)的5脚为KEY1/LED(键盘扫描信号输入1及指示灯控制)，6脚为KEY2(键盘扫描信号输入2)。当超级芯片接收到某一键扫描信号(某一按键按下时)，通过其内部判断及处理，随后输出其对应的控制信号，控制该单元电路工作在本次操作的模式下。图中的R205、R207为上拉电阻，上拉电阻保证了按键断开时，输入/输出(I/O)口线上有确定的高电平

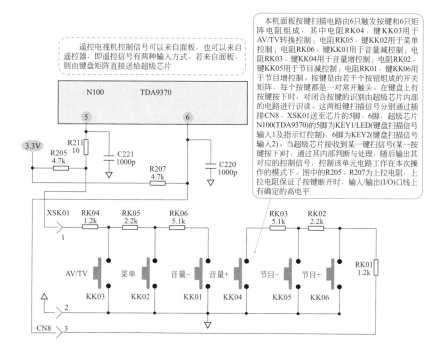

▶ 2.9.3 接收头与遥控器

① 遥控接收头

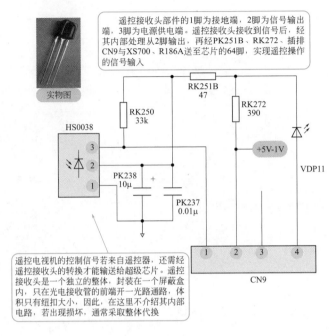

实物图

遥控接收头部件的1脚为接地端，2脚为信号输出端，3脚为电源供电端。遥控接收头接收到信号后，经其内部处理从2脚输出，再经PK251B、RK272、插排CN9与XS700、R186A送至芯片的64脚，实现遥控操作的信号输入

遥控电视机的控制信号若来自遥控器，还需经遥控接收头的转换才能输送给超级芯片。遥控接收头是一个独立的整体，封装在一个屏蔽盒内，只在光电接收管的前端开一光路通路，体积只有纽扣大小，因此，在这里不介绍其内部电路，若出现损坏，通常采取整体代换

② 遥控发射器

长虹K3H遥控器电路图。它装在机外遥控手柄盒内，由键盘矩阵、集成电路BW1030T(IC1)、红外发光二极管VD1、驱动管V1、晶振及外围元件等组成
振荡器产生振荡信号，经分频器分频后，分别送到定时信号发生器的脉冲调制器。定时信号发生器给扫描信号发生器和指令编码器提供时钟信号。扫描信号发生器依次产生扫描脉冲信号，通过键盘矩阵电路进行扫描，再经输入门、输入编码器对所按键位进行识别，产生一个二进制代码送给指令编码器。然后指令编码器进行码值转换，得到遥控指令码
指令编码器输出的功能指令码送到脉冲调制器，调制在一定的载波上。调制后的信号经缓冲器放大后，送至外接驱动器再次放大，最后送至红外发光二极管，转换为红外光信号发射出去

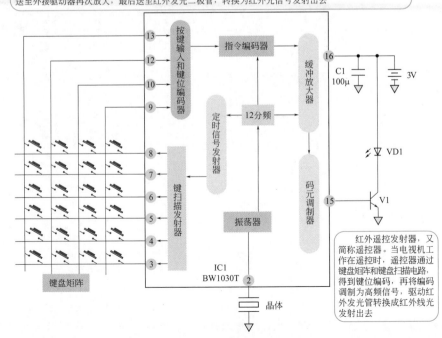

红外遥控发射器，又简称遥控器。当电视机工作在遥控时，遥控器通过键盘矩阵和键盘扫描电路，得到键位编码，再将键位编码调制为高频信号，驱动红外发光管转换成红外线光发射出去

2.10 MCU 微控制系统

2.10.1 MCU 微控制系统电路分析

下图以长虹 PF29118 彩色电视机为例，分析 MCU 微控制系统的电路原理。

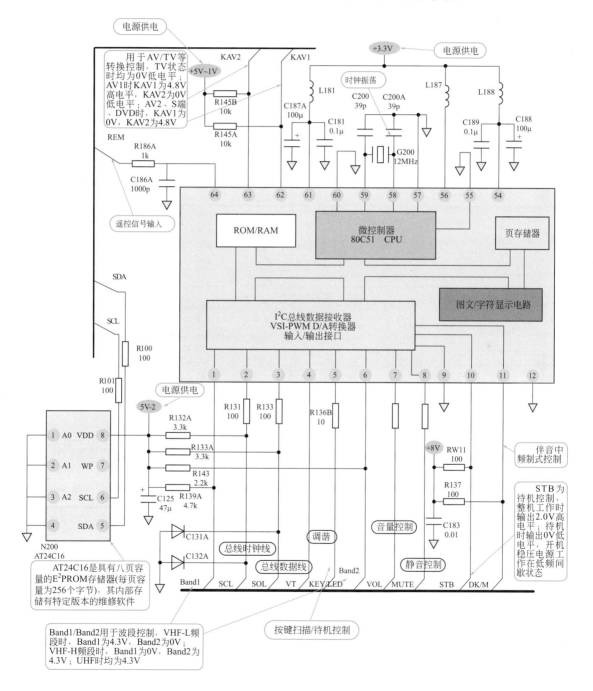

\multicolumn{4}{c}{MCU 微控制系统主要引脚功能（以长虹 PF29118 彩色电视机为例）}			
脚号	功能	脚号	功能
1	波段控制 1	54	TV 数字地
2	I²C 总线时钟线	55	地
3	I²C 总线数据线	56	微处理器部分供电
4	调谐电压控制	57	地
5	键盘机指示灯控制	58	晶振输入
6	波段控制 2	59	晶振输出
7	音量控制	60	复位
8	静音控制	61	数字电路供电
9	接地	62	AV 切换控制 1
10	待机控制	63	AV 切换控制 2
11	伴音中频控制	64	遥控信号输入
12	接地		

⊹ 2.10.2 MCU 微控制系统工作条件

\multicolumn{2}{c}{MCU 微控制系统工作条件}	
工作电压	必须有合适的工作电压。彩色电视机中一般采用 +3.3V 工作电压，即 VDD 电源正极和 VSS 电源负极（地）引脚。正极、负极是有多个引脚的
复位	必须有复位（清零）电压。微处理器由于电路较多，在开始工作时必须在一个预备状态，这个进入状态的过程叫复位（清零），外电路应给单片机提供一个复位信号，使微处理器中的程序计数器等电路清零复位，从而保证微处理器从初始程序开始工作
时钟振荡	必须有时钟振荡电路（信号）。超级芯片内由于有大规模的数字集成电路，这么多的数字电路组合对某一信号进行系统的处理，必须保持一定的处理顺序以及步调的一致性，此步调一致的工作由"时钟脉冲"控制。超级芯片外接的晶体振荡器（晶振）和内部电路组成时钟振荡电路，产生的振荡信号作为微处理器工作的脉冲
I²C 总线时钟线	时钟线的作用是为电路提供时基信号，用来统一控制器件与被控制器件之间的工作节拍，不参与控制信号的传输
I²C 总线数据线	数据线是各个控制信号传输的必经之路，用来传输各控制信号的数据及这些数据占有的地址等内容
其他模拟量控制	键盘扫描输入 / 输出、音量控制、静音控制、伴音制式切换、开机 / 待机、频段切换、调谐电压控制、存储器等

I²C 总线传输原理如下图所示：

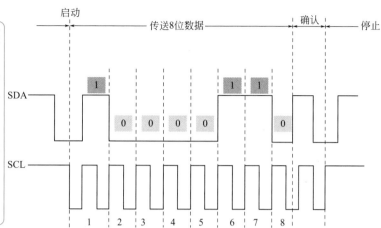

I²C总线由一条串行数据线(SDA)和一条串行时钟线(SCL)组成

当数据信号为低电平，同时时钟信号由高电平翻转为低电平时，开始传送8位数据。数据传送后，紧接着为一确认位。在确认位后面，若数据信号为低电平，时钟信号由高电平翻转到低电平，则继续开始传送数据；反之，确认位后面若数据信号为低电平，时钟信号由低电平翻转到高电平，则停止传送数据

实战篇

　　彩色电视机的工作原理是理论知识，而对它们的维修和调试是一项专业技能，维修人员不但要有扎实的理论知识，而且还需具备丰富的实际操作经验，因此，要求维修人员在安全的前提下，熟练掌握规范的操作技能和各种维修手段。通过本篇的学习，读者可以对彩色电视机的故障"对症下药"，快速地排除各种疑难故障，使具体的维修操作更加顺利。

第 3 章

必备的维修工艺及技巧

3.1 焊接与拆焊

▶3.1.1 实战 1——导线的焊接工艺

① 剥线

剥线方法有多种，下面只介绍 2 种。

第 1 种剥线方法：剥线钳剥线

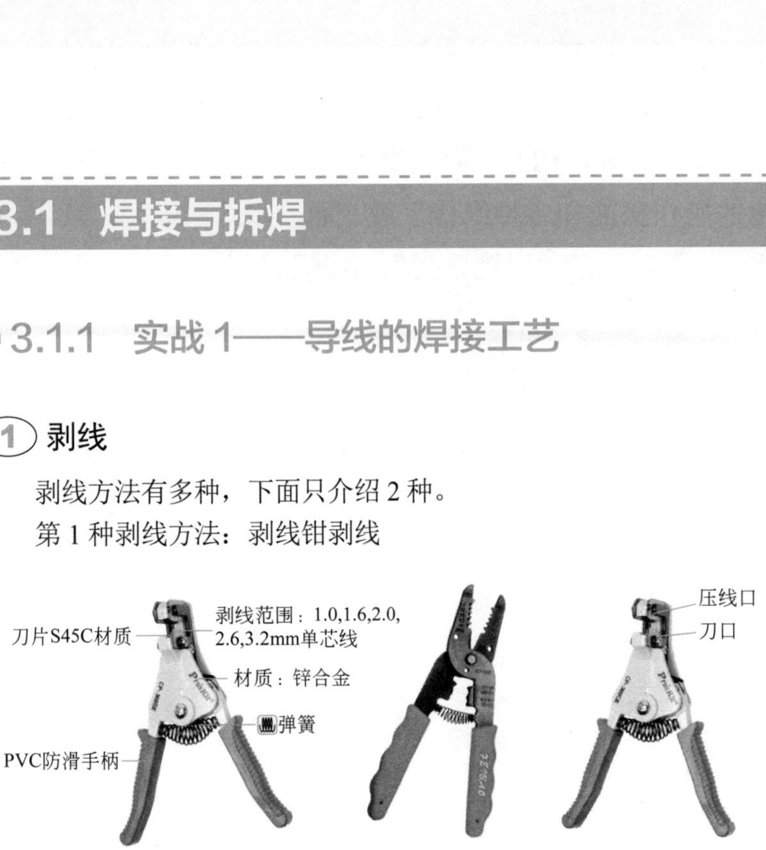

刀片S45C材质 — 剥线范围：1.0,1.6,2.0,2.6,3.2mm单芯线

材质：锌合金

弹簧

PVC防滑手柄

压线口
刀口

> 剥线钳它是由刀口、压线口和钳柄等组成。手动剥线钳的规格(全长)有140mm、160mm和180mm

剥线钳的使用方法如下图所示。

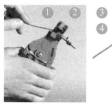

① 根据缆线的粗细型号，选择相应的剥线刀口
② 将准备好的电缆放在剥线工具的刀刃中间，选择好要剥线的长度
③ 握住剥线工具手柄，将电缆夹住，缓缓用力使电缆外表皮慢慢剥落
④ 松开工具手柄，取出电缆线，这时电缆金属整齐露出外面，其余绝缘塑料完好无损

第 2 种剥线方法：通电的电烙铁剥线

用通电的电烙铁头对着需要剥离的导线进行划剥，另一只手同时转动导线，在导线上划出一道槽，最后用手剥离导线
导线若原来已经剥离了，最好剪掉原来的，因为原来的往往已经有污垢或氧化了，不容易吃锡

② 导线吃锡（镀锡）

导线先进行吃锡，是为了方便以后的焊接。剥离的导线头可以放在松香盒中或直接拿在手中吃锡。
若吃锡后的导线头过长，可适当剪掉一些

③ 导线的焊接

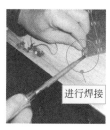

进行焊接

焊接完成

导线头对准所要焊接的部位，一般采用带锡焊接法进行焊接
焊接完成后，手不要急于脱离导线，待焊点完全冷却后，手再撤离，这样做是为防止接头出现虚焊

▶ 3.1.2　实战 2——元件的焊接工艺

① 焊接前工具、器材的准备

1）焊锡

焊料98%

助焊剂2%

手工烙铁焊接经常使用管状焊锡丝（又称为线状焊锡、焊锡）。管状焊锡丝将助焊剂与焊锡制作在一起做成管状，焊锡管中夹带固体助焊剂。助焊剂一般选用特级松香为基质材料，并添加一定的活化剂
助焊剂有助于清洁被焊接面，防止氧化，增加焊料的流动性，使焊点易于成形，提高焊接质量

2）烙铁架

烙铁架的好处有：
① 可以放置工作中的烙铁；② 烙铁暂时不用时，有利于散热，烙铁头不易烧死；③ 确保安全性，不易烫伤物品或引起火灾；④ 架板(选用坚硬的木质)部分可用作工作台面，用以刮、烫元器件；⑤ 有松香槽，方便助焊；⑥ 焊锡槽方便盛装剩余的焊锡和烙铁用锡

② 焊前焊件的处理

1）测量元器件的好坏

测量就是利用万用表检测准备焊接的元器件是否质量可靠，若有质量问题或已损坏的元器件，就不能焊接

2）刮引脚

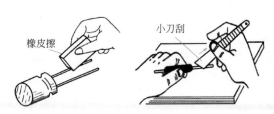

橡皮擦　　小刀刮

刮引脚就是在焊接前做好焊接部位的表面清洁工作。对于引脚没有氧化或污垢的新元件可以不做这个处理
一般采用的工具是小刀、橡皮或废旧钢锯条(用折断后的断面)等

3）镀锡

蘸松香 ❶　粘锡珠 ❷　转动　❸镀锡

镀锡的具体做法是：用发热的烙铁头蘸取松香少许(或松香酒精溶液涂在镀锡部位)，再迅速从贮锡盒粘取适量的锡珠，快速将带锡的热烙铁头压在元器件上，并转动元器件，使其均匀地镀上一层很薄的锡层

③ 焊接技术

手工焊接方法有送锡法和带锡法两种。

1）送锡焊接法

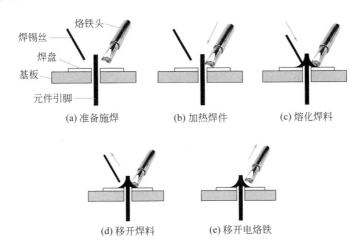

焊锡丝
烙铁头
焊盘
基板
元件引脚

(a) 准备施焊　　　(b) 加热焊件　　　(c) 熔化焊料

(d) 移开焊料　　　(e) 移开电烙铁

送锡焊接法，就是右手握持电烙铁，左手持一段焊锡丝而进行焊接的方法。送锡焊接法的焊接过程通常分成五个步骤，简称"五步法"，具体操作步骤如下：	
第 1 步：准备施焊	准备阶段应观察烙铁头吃锡是否良好，是否达到焊接温度，插装元器件是否到位，同时要准备好焊锡丝
第 2 步：加热焊件	右手握持电烙铁，烙铁头先蘸取少量的松香，将烙铁头对准焊点（焊件）进行加热。加热焊件就是将烙铁头给元器件引脚和焊盘"同时"加热，并要尽可能加大与被焊件的接触面，以提高加热效率、缩短加热时间、保护铜箔不被烫坏
第 3 步：熔化焊料	当焊件的温度升高到接近烙铁头温度时，左手持焊锡丝快速送到烙铁头的端面或被焊件和铜箔的交界面上，送锡量的多少，根据焊点的大小灵活掌握
第 4 步：移开焊锡	适量送锡后，左手迅速撤离，这时烙铁头还未脱离焊点，随后熔化后的焊锡从烙铁头上流下，浸润整个焊点。当焊点上的焊锡已将焊点浸湿时，要及时撤离焊锡丝，不要让焊盘出现"堆锡"现象
第 5 步：移开电烙铁	送锡后，右手的烙铁就要做好撤离的准备。撤离前若锡量少，再次送锡补焊；若锡量多，撤离时烙铁要带走少许。烙铁头移开的方向以 45°为最佳

2）带锡焊接方法

① 烙铁头上先粘适量的锡珠，将烙铁头对准焊点(焊件)进行加热
② 当烙铁头上熔化后的焊锡流下，浸润到整个焊点时，烙铁迅速撤离
③ 带锡珠的大小，要根据焊点的大小灵活掌握。焊后若焊点小，再次补焊；若焊点大，用烙铁带走少许

▶ 3.1.3　实战 3——拆焊工艺

常见的拆焊工具—吸锡器，有以下几种：医用空心针头、金属编织网、手动吸锡器、电热吸锡器、电动吸锡枪、双用吸锡电烙铁等。

① 医用空心针头

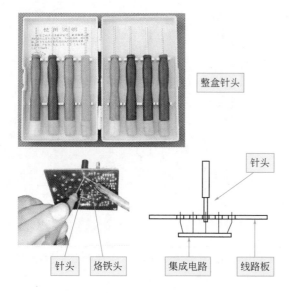

整盒针头

针头

针头　烙铁头　集成电路　线路板

使用时，要根据元器件引脚的粗细选用合适的空心针头，常备有9～24号针头各一只，操作时，右手用烙铁加热元器件的引脚，使元件引脚上的锡全部熔化，这时左手把空心针头左右旋转刺入引脚孔内，使元件引脚与铜箔分离，此时针头继续转动，移开电烙铁，等焊锡固化后，停止针头的转动并拿走针头，就完成了脱焊任务

② 金属编织网

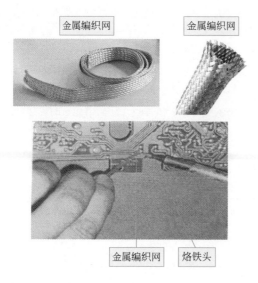

金属编织网　　　　金属编织网

金属编织网　烙铁头

先用电烙铁把焊点上的锡熔化，使锡转移到编织网线或多股铜线上，并拽动网线，引脚上的焊锡即被网线吸附，从而使元件的引脚与线路脱离。当网线吸满锡后，剪去已吸附焊锡的网线。金属编织吸锡网市场有售，也可自制，自制方法是：取一段钢丝网(如屏蔽网)，拉直后浸上松香即可

③ 手动吸锡器

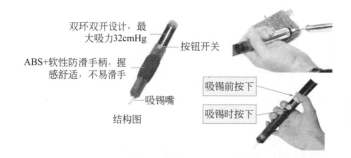

双环双开设计，最大吸力32cmHg
按钮开关
ABS+软性防滑手柄，握感舒适，不易滑手
吸锡嘴
结构图

吸锡前按下
吸锡时按下

使用时，先把吸锡器末端的滑杆压入，直至听到"咔"声，表明吸锡器已被锁定，再用烙铁对焊点加热，使焊点上的焊锡熔化，同时将吸锡器靠近焊点，按下吸锡器上面的按钮即可将焊锡吸上。若一次未吸干净，可重复上述步骤。在使用一段时间后必须清理，否则内部活动的部分或头部会被焊锡卡住

▶ 3.1.4 实战 4——热风拆焊器的使用

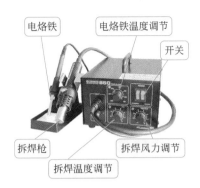

电烙铁　　　电烙铁温度调节

开关

拆焊枪　　　　　拆焊风力调节

拆焊温度调节

热风拆焊器特点、使用及注意事项	
特点	热风拆焊器是新型锡焊工具，主要由气泵、印刷电路板、气流稳定器、外壳和手柄等部件组成。它用喷出的高热空气将锡熔化，优点是焊具与焊点之间没有硬接触，所以不会损伤焊点与焊件，最适合高密度引脚及微小贴片元件的焊接 ❶ 瞬间可拆下各类元器件，包括分立、双列及表面贴片 ❷ 热风头不用接触印制电路板，使印制电路板免受损伤 ❸ 所拆印制电路板过孔及器件引脚干净无锡（所拆处如同新印制电路板），方便第二次使用 ❹ 热风的温度及风量可调，可应付各类印制电路板 ❺ 一机多用，热风加热，适用于拆焊多种直插、贴片元件及热缩管处理、热能测试等多种需要热能的场合
焊接技巧	❶ 在焊接时，根据具体情况可选用电烙铁或热风枪。通常情况下，元件引脚少、印刷板布线疏、管脚粗时选用电烙铁；反之，选用热风枪 　　❷ 在使用热风枪时，一般情况下将风力旋钮 (AIR CAPACITY) 调节到比较小的位置 (2～3 挡)，将温度调节旋钮 (HEATER) 调节到刻度盘上 5～6 挡的位置 　　❸ 以热风枪焊接集成电路 (集成块) 为例，先把集成电路和电路上焊接位置对好，若原焊点不平整 (有残留锡点)，选用平头烙铁修理平整。再焊四角，以固定集成电路，再用热风焊枪吹焊四周。焊好后应注意冷却，在没冷却前不要去动集成电路，以免其发生位移。冷却后，若有虚焊，应用尖头烙铁进行补焊
热风头使用	电源开关打开后，根据需要选择不同的风嘴和吸锡针，并将热风温度调节按钮 "HEATER"，调至适当的温度，同时根据需要再调节热风风量调节按钮 "AIR CAPACITY"，调到所需风量，待预热温度达到所调温度时即可使用 　　若短时不用热风头，应将热风风量调节按钮 "AIR CAPACITY" 调至最小、热风温度调节按钮 "HEATER" 调至中间位置，使加热器处在保温状态，再使用时，调节热风风量调节按钮和热风温度调节按钮即可 　　注意，针对不同封装的集成电路，应更换不同型号的专用风嘴；针对不同焊点大小，选择不同温度风量及风嘴距板的距离
拆卸技巧	在拆卸时根据具体情况可选用吸锡器或热风枪 　　以热风枪拆卸集成电路为例，步骤如下： ❶ 根据不同的集成电路选好热风枪的喷嘴，然后往集成电路的引脚周围加注松香水 ❷ 调好热风温度和风速。通常经验值为温度 300℃，气流速度 3～4m/s ❸ 当热风枪的温度达到一定程度时，把热风枪头放在需焊下的元件上方大概 2cm 的位置，并且沿所焊接的元件周围移动。待集成电路的引脚焊锡全部熔化后，用镊子或热风枪配备的专用工具将集成电路轻轻用力提起

续表

	热风拆焊器特点、使用及注意事项
注意事项	使用前，应将机箱下面最中央的红色螺钉拆下来，否则会引起严重的问题 使用前，必须接好地线，泄放静电 禁止在焊铁前端网孔放入金属导体，否则会导致发热体损坏及人体触电 在热风焊枪内部，装有过热自动保护开关，枪嘴过热时保护开关自动开启，机器停止工作。必须把热风风量按钮"AIR CAPACITY"调至最大，延迟2min左右，加热器才能工作，机器恢复正常 使用后，要注意冷却机身。关电后，发热管会自动短暂喷出冷风，在此冷却阶段，不要拔去电源插头 不使用时，请把手柄放在支架上，以防意外

3.2 整机结构拆解与单元电路、特殊元器件的识别

▶ 3.2.1 实战5——整机结构拆解

对故障彩色电视机的维修，首要的任务是拆解电视机，正确拆解是维修的前提和必要程序。电视机的外形结构和款式型号虽千变万化，但其基本结构都大同小异。正确的拆解方法，能给维修工作顺利进行提供一个良好的前提。

彩电整机立体透视效果图如下。

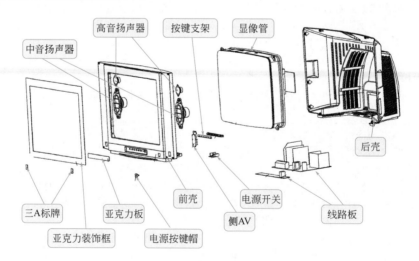

① 拆卸机后壳

螺钉

特别是这2个螺钉

后机壳

　　整机拆卸时，找到后机壳上的紧固螺钉(一部分机型用塑料帽做密封)，用合适的长十字螺丝刀旋下螺钉

② 看内部结构与布局

消磁线圈

扬声器

矩阵板(尾板)

电源线

高压极

扬声器

偏转线圈

主板

③ 把主板直立

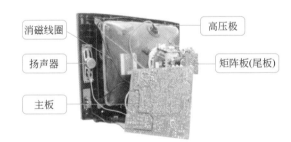

消磁线圈

扬声器

主板

高压极

矩阵板(尾板)

　　在维修时，一般把机板直立于显像管后部的侧面，若机板支架妨碍维修，可把机板支架拆卸下来

④ 高压放电

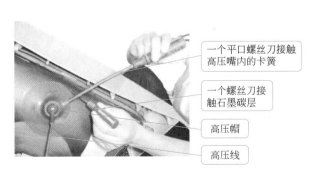

一个平口螺丝刀接触高压嘴内的卡簧

一个螺丝刀接触石墨碳层

高压帽

高压线

　　在拆卸高压帽时，一定要先放电，直到高压电放完为止(没有放电火花)。放电方法最方便的是用两个螺丝刀，一个螺丝刀的刀头接触显像管外的石墨碳层；另一个平口螺丝刀深入到高压帽的里面，去触摸碰撞高压卡簧

067

5 整个机板独立地拆卸

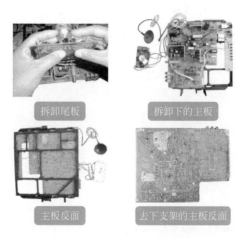

要把整个机板独立地拆卸下来，应先拆卸外围的插接件，如显像管尾板、偏转线圈插排、喇叭插排、侧面音视频插排、高压帽等。在拆卸显像管尾板时，两手要用力均匀，左右轻轻晃动，防止显像管电子枪炸裂

6 尾板与按键板

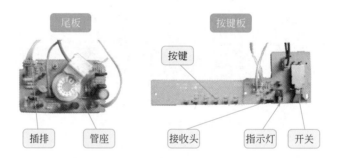

▶ 3.2.2 实战6——线路板特殊元器件的识别

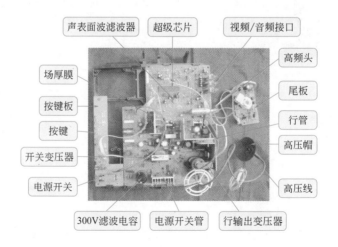

3.3 用万用表检修彩色电视机的基本方法

3.3.1 实战 7——询问与观察法在检修中的应用

询问法：

在接故障的待修机时，首先必须向电视机用户了解情况，询问故障发生的现象、经过、使用环境、出现的频繁次数及检修情况等，这就是询问法

询问法就是仔细听取用户反映彩电使用情况和对相关故障的叙述，因用户最了解详细情况。详细询问用户故障发生前后彩电的表现情况，做到心中有数，这有利于我们判断故障部位，对锁定目标元器件非常有帮助，为我们迅速解决问题创造有利条件

例如，初期故障现象的具体情况是否存在其他并发症状，是逐渐发生的或是突然出现的，有、无规律出现等。这些情况的了解将有助于检修工作，可以节省很多维修时间，犹如医生对病人诊病一样，先要问清病情，才能对症下药。对使用情况和检修史的了解，对于检修外因引起的故障，或经他人维修而未修复的彩电尤为重要。根据用户提供的情况和线索，再认真地对电路进行分析研究（这一点对初学者尤其重要），弄通弄懂其电路原理和元器件的作用，做到心中有数，有的放矢

维修工作通常由观察故障现象开始，通过询问了解故障发生的经过、现象及彩电使用、检修情况，再经仔细观察和外部检查，试机验证用户的叙述后，确认故障现象并用简明语音（或行话）将故障现象准确地描述出来

通过询问与观察，可以把故障发生的范围缩小到某个系统，甚至某个单元电路，接下来就需要借助各种仪表、工具动手检查这部分电路

观察法：

观察法就是在询问的基础上，进行实际观察。观察法又称直观检查法，主要包括看、听、闻、查、摸、振等形式

❶ 看

观察电视机或部件、外部结构等。观察时应遵循先外而后内，先不通电而后通电的原则，即先从外观看各种按钮、指示灯、天线及输出、输入插头等，而后再打开后壳看内部，保险管是否烧毁，元器件是否有烧焦、炸裂，插排、插头是否接触良好，等等

先看电视机外壳有无损伤或各操作按键、旋钮有无残缺不全，有此情况，表明是人为性故障；然后打开后盖，观察机内元件有无残缺、断线、脱焊、变色、变形及烧坏等情况

❷ 听

开机后细听机内是否有交流哼声、打火声、噪声及其他异常响声

❸ 闻

用鼻子闻机内有无烧焦气味、变压器清漆味、臭鸡蛋味（打火后的臭氧味）等。如闻到机内散发出一种焦臭味，则可能为大功率电阻及大功率晶体管烧毁；如闻到一种鱼腥味，则可能为高压部件绝缘击穿

❹ 查

细查保险、电源线是否断开，印刷板是否断裂或损坏，元器件引脚是否相碰、断线或脱焊，印制板上原来维修过什么部位等

❺ 摸

通电一段时间关机后，摸大电流或高电压元器件是常温、温升还是烫手，如行管、电源开关管、大功率电阻，若是常温表明可能没有工作；若有温升，表明已经工作；若特别烫手，表明工作电流大，可能有故障

❻ 振

在通电的情况下，轻轻用螺丝刀的木柄敲击被怀疑的单元电路或部件，看故障是否出现

直观法的具体过程如下：

❶ 先了解故障情况

检修家电产品时，不要急于通电检查。首先应向使用者了解电子产品设备故障前后的使用情况（如故障发生在开机时，还是在工作中突然或逐渐发生的，有无冒烟、焦味、闪光、发热现象；故障前是否动过开关、旋钮、插件等）及气候环境情况

❷ 外观检查

首先在不加电情况下进行通电前检查。检查按键、开关、旋钮放置是否正确；电线、电缆插头是否有松动；印制电路板铜箔是否有断裂、短路、断路、虚焊、打火痕迹，元器件有无变形、脱焊、相碰、烧焦、漏液、涨裂等现象，保险丝是否烧断或接触不良，电机、变压器、电线有无焦味、断线；继电器线圈是否良好、触点是否烧蚀等

然后通电检查。通电前检查如果正常或排除了异常现象后，就可通电检查。通电检查时，在开机的瞬间应特别注意指示设备（如指示灯、仪表、荧光屏）是否正常，机内有无冒烟、打火等现象，断电后电机外壳、变压器、集成电路等是否发烫。若均正常，即可进行测量检查。在通电检查时，动作要敏捷，注意力要高度集中，并且要眼、耳、鼻、手并用，发现故障后立即关机，防止故障扩大化，同时，一定要注意人身安全

最后在确认无短路的情况下通电观察是否是修机用户所描述的故障现象。去伪存真，就是排除使用者因操作不当而造成的假象，检查使用者所描述的故障现象与实际故障现象是否相符

通过询问与观察，可以把故障发生的范围缩小到某个系统，甚至某个单元电路，接下来就需要借助各种仪表、工具动手检查这部分电路

3.3.2 实战8——电阻法在检修中的应用

电阻法：

电阻检查法是利用万用表各电阻挡测量彩电集成电路、晶体管各脚和各单元电路的对地电阻值，以及各元件的自身电阻值来判断彩电的故障。它对检修开路或断路故障和确定故障元件最有实效

❶ 电阻法判断测量元器件

电路中的元器件质量好坏及是否损坏，绝大多数都是用测量其电阻阻值大小来进行判别的。当怀疑印刷线路板上某个元器件有问题时，应把该元器件从印刷板上拆焊下来，用万用表测其电阻值，进行质量判断。若是新元器件，在上机焊接前一定要先检测，后焊接

适于电阻法测量的元器件有：各种电阻、二极管、三极管、场效应管、插排、按键及印刷铜箔的通断等。对电容、电感要求不严格的电路，可做粗略判断；若电路要求较严格，如谐振电容、振荡定时电容等，一定要用电容表（或数字表）等做准确测量

续表

❷ 正反电阻法

裸式集成电路（没上机前或印刷板上拆焊下）可测其正反电阻（开路电阻），粗略地判断故障的有无，是粗略判断集成块好坏的一种行之有效的方法

测量完毕后，即可对测量数据进行分析判断。如果是裸式测量，各端子（引脚）电阻约为 0Ω 或明显小于正常值，可以肯定这个集成电路被击穿或严重漏电；如果是在机（在路）测量，各端子电阻约为 0Ω 或明显小于正常值，说明这个集成块可能短路或严重漏电，要断开此引脚，测完空脚电阻后，再作结论，也可能是相关外围电路元件击穿或漏电

❸ 在路电阻法

在路电阻法是在不加电的情况下，用万用表测量元器件电阻值来发现和寻找故障部位及元件的方法。它对检测开路或短路故障和确定故障元件最有实效。实际测量时可以作在路电阻测量和裸式（脱焊）电阻测量。如测量电源插头端正反向电阻，将它和正常值进行比较，若阻值变小，则有部分元器件短路或击穿；若电阻值变大，可能内部断路

在路电阻法对于粗略判断集成电路 (IC) 故障也是行之有效的一种方法，IC 的在路电阻值通常厂家是不给出的，只能通过专业资料或自己从正常同类机上获得。如果测得的电阻值变化较大，而外部元件又都正常，则说明 IC 相应部分的内电路损坏

在应用在路电阻法和整机电阻法时应注意，测量某点电阻时，如果表针快速地从左向右，之后又从右向左慢慢移动，这是测量点有较大的电容之故。这种情况是电容充放电造成的。遇到这种情况，要等电容充放电完毕后，再读取电阻值，即表针停止移动，再看电阻值为多少。一般情况下，电路中有较大充电现象存在的测量点不会存在漏电与短路故障，尤其是测量之初表针快速从最左打到最右，之后慢慢从右向左移动的情况

① 正反电阻法具体操作方法

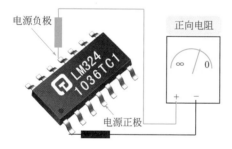

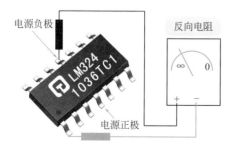

本书在没有特殊说明的情况下，正反向电阻测量是指黑表笔接测量点，红表笔接地，测量的电阻值叫做正向电阻；红表笔接测量点，黑表笔接地，测量的电阻值叫做反向电阻。使用开路电阻测量时，应选择合适的连接方式，并交换表笔做正反两次测量，然后分析测量结果才能做出正确的判断

测正向电阻时，红表笔固定接在地线的端子上不动，用黑表笔按着顺序(或测几个关键脚)逐个测量其他各脚，且做好数据记录。测反向电阻时，只需交换一下表笔即可

② 在路电阻法具体操作方法

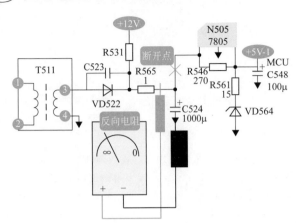

在路电阻法在检修电源电路故障时，较为快速有效。如电源电压(整流滤波后、稳压后)不正常，输出电压偏低许多，这里就要判断是电源电路本身有故障，还是后级负载有短路情况发生，具体操作方法如下：① 测该输出端对地的正反电阻，记下数据；② 脱开负载(脱开限流电阻或划断铜箔)，再测该输出端对地的正反电阻，记下数据，同第一次测量结果作比较。若第二次测量结果数值增大，说明后级负载有短路

▶3.3.3 实战9——电压法在检修中的应用

电压法：

　　电压检查法是通过测量电路的供电电压或晶体管的各极、集成电路各脚电压来判断故障的。因为这些电压是判断电路或晶体管、集成电路工作状态是否正常的重要依据。将所测得的电压数据与正常工作电压进行比较，根据误差电压的大小，就可以判断出故障电路或故障元件。一般来说，误差电压较大的地方，就是故障所在的部位

　　按所测电压的性质不同，电压法常有：直流电压法和交流电压法。直流电压法又分静态直流和动态直流电压两种，判断故障时，应结合静态和动态两种电压进行综合分析

❶ 静态直流电压

　　静态是指电视机不接收信号条件下的电路工作状态，其工作电压即静态电压。测量静态直流电压一般用来检查电源电路的整流和稳压输出电压、各级电路的供电电压、晶体管各极电压及集成电路各脚电压等来判断故障。因为这些电压是判断电路工作状态是否正常的重要依据。将所测得的电压与正常工作电压进行比较，根据误差电压的大小，就可判断出故障电路或故障元件

❷ 动态直流电压

　　动态直流电压便是电视机在接收信号情况下电路的工作电压，此时的电路处于动态工作之中。电路中有许多端点的静态工作电压会随外来信号的进行而明显变化，变化后的工作电压便是动态电压。显然，如果某些电路应有这种动态、静态工作电压变化，而实测值没有变化或变化很小，就可立即判断该电路有故障。该测量法主要用来检查判断仅用静态电压测量法不能或难以判断的故障

❸ 交流电压法

　　在电视机维修中，交流电压法主要用在测量整流器之前（或行输出变压器的次级绕组）的交流电路中。在测量中，前一测试点有电压且正常，而后一测试点没有电压，或电压不正常，则表明故障源就在这两测试点的区间，再逐一缩小范围排查。在电视机中，因交流电回路较少，相对而言电路不复杂，测量时较简单

　　🔔　在测量过程中，一定要注意人、机（万用表、电视机）的安全，并根据实际电压的范围，合理选择万用表的挡位转换。在转换挡位时，一定不要在带电的情况下进行转换，至少一表笔应脱离测试点

❹ 关键测试点电压

　　一般而言，通过测试集成块的引脚电压、三极管的各极电压，有可能知道各个单元电路是否有问题，进而判断故障原因，找出故障发生的部位及故障元器件等

　　所谓关键测试点电压是指对判断电路工作是否正常具有决定性作用的那些点的电压。通过对这些点电压的测量，便可很快地判断出故障的部位，这是缩小故障范围的主要手段

① 电压法模拟检测与判断

故障现象:	灯泡不亮
故障分析:	灯泡不能正常点亮,主要故障常有电源供电不正常(停电或插座损坏、接触不良等)、灯泡损坏、灯座损坏、开关不能闭合或损坏、线路有断路现象、插头接线有脱落(非一体式的)等
故障检修方法:	关键点交流电压法。当然了,也可以采用其他方法,只不过在这里主要用来说明电压法的具体应用而已

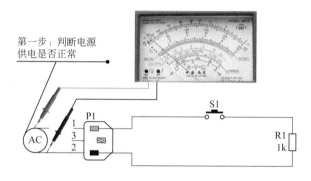

第一步:判断电源供电是否正常

第一步:判断电源供电是否正常
关键点的选择:插座
有220V交流市电,表明电源供电正常,故障在插头的后级电路
如无市电电压,一般故障在供电电源

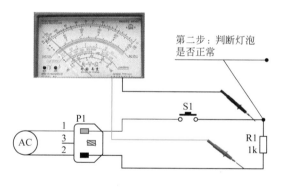

第二步:判断灯泡是否正常

第二步:判断灯泡是否正常
关键点的选择:灯泡座的两个触头有220V交流市电(开关在闭合情况下),表明电路基本正常,故障在灯泡。当然了,可以用直观法或电阻法检测灯丝是否断路
如无市电电压,一般故障在前级供电电路

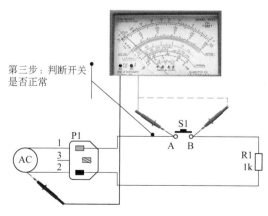

第三步:判断开关是否正常

第三步:判断开关是否正常
关键点的选择:开关触头
一只表笔固定接于一个插孔,另一只表笔分别测量开关的两个触头A、B(开关在闭合状态下),两个触头的电压都正常,表明开关正常。否则,A触头有电压,B触头无电压,表明开关损坏

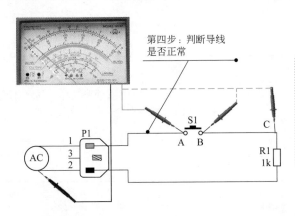

第四步：判断导线是否正常

第四步：判断导线是否正常

关键点的选择：导线的多个接头

一只表笔固定接于一个插孔，另一只表笔分别测量接头A、接头B（开关在闭合状态下）、接头C等接点，哪个接点处没有电压，该接点之前的导线有断路情况发生

② 静态直流电压具体操作方法

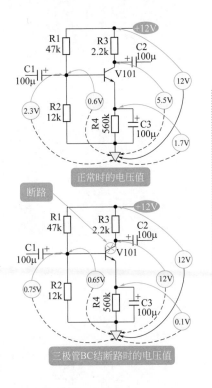

对于电路中未标明各极电压值的晶体管放大器，则可根据：$V_o=(1/2\sim2/3)E_o$，$V_e=(1/6\sim1/4)E_o$，V_{be}(硅)=$(0.5\sim0.7)$V，V_{be}(锗)=$(0.1\sim0.3)$V来估计和判断电路工作状态是否正常

晶体管工作在开关状态时，开时：$V_o\approx V_e$，即$V_{ce}\approx0$；关时：$V_o=V_{oo}(E_o)$

在进行三极管放大电路分析时，主要注意三极管的偏压（V_{be}），而集电极电压通常接近相应的电源电压。通过这两个电压的测试，基本上可以判断三极管是否能正常地工作

对于NPN型三极管是黑表笔接地不动，红表笔进行各点测量；对于PNP型三极管是红表笔接地不动，黑表笔进行各点测量

③ 开关电源关键测试点电压具体操作方法

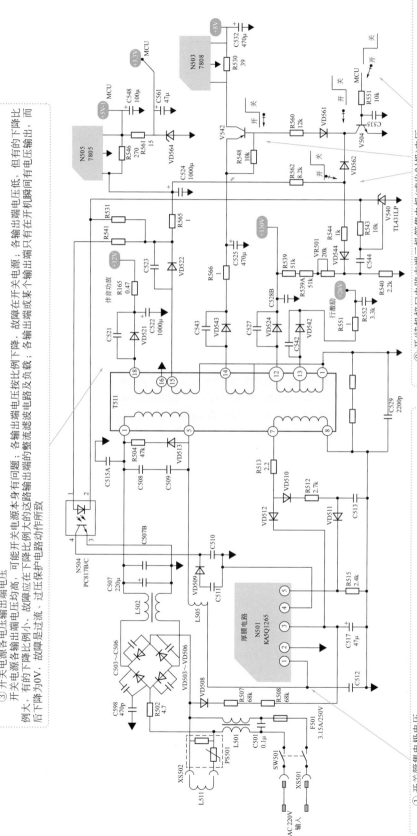

▶ 3.3.4 实战10——电流法在检修中的应用

电流维修法：

电流维修法是通过测量晶体管、集成电路的工作电流，局部单元电路的总电流和电源的负载电流来判断电视机故障的

一般来说，电流值正常，晶体管及集成电路的工作就基本正常；电源的负载电流正常则负载中就没有短路性故障。若电流较大说明相应的电路有故障

电流法的具体操作方法与技巧：

测量电流的常规做法是要切断电流回路，串入电流表，有保险座时，取下保险管把表串入电路直接测量。电流维修法适合检查整机工作电流、短路性故障、漏电或软击穿故障。采用电流维修法检测电视机电路故障时，可以迅速找出晶体管发热、电源变压器发热、显像管衰老等现象的原因，也是检测电视机电路工作状态的常用手段

1 整机电流测量方法

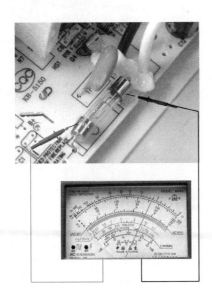

测量前先估算一下整机电流。一般25in以上彩电的功率在100～150W之间，以市电电压为220V进行计算，电流等于功率除以电压，则100/220=0.454，150/220=0.73，即工作电流为0.454～0.73A。根据电视机标称功率计算得出工作电流，然后用万用表进行测量。例如，TCL2565A机型启动电流为0.25A，工作电流为0.35A

用万用表测量整机电流时，可取下保险管，把万用表的两支表笔串入保险座中，然后开机测量。把实测结果跟估算值进行比较，若二者相差在0.5A左右，基本上认为正常

 在电视机出现故障时，整机电流一般都会有如下变化

❶ 电流偏小。若实测电流比估算值小一半以上，说明负载工作不正常，如电源本身损坏，行、场扫描电路有故障等，发生断路性故障的可能性较大

❷ 电流偏大。实测电流偏大1A以上，甚至更大时，往往内部电路有短路情况发生。遇到这种情况，应认真仔细排查

② 负载电流测量法

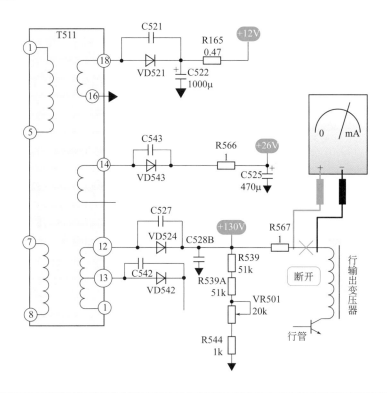

負载电流测量法主要用于判断行输出级是否有过流故障、行输出变压器是否局部短路。检修时，通常是断开行输出级工作电压供给电路中的电阻或电感，然后根据电流流向，在断开点处串入万用表。万用表的量程为500mA

负载电流测量法的应用
测量负载电流的目的： 为了检查、判断负载中是否存在短路、漏电及开路故障，同时也可判断故障在负载还是电源。应注意的是，电源一般有多路电压输出和相应的负载，测量时应考虑到各负载支路电流对总电流的影响。一般先测量容易发生故障的支路电流。若需检查总负载电流是否正常，则可以测量所有负载回路的电流，然后将各路电流相加即可
测量结果与说明的问题如下： ❶ 测量时表针快速从最左端打到最右端说明行输出级有严重的击穿或短路故障。可大致判断是行输出变压器局部短路、行输出管击穿或逆程电容击穿等原因造成的 ❷ 无电流，即表针不动。这表明所测量的行输出级电路没有工作。应主要检查行输出级工作电压 ❸ 测量正常。行输出级工作电流一般为 350 ~ 400mA，说明行输出级及行振荡级正常

▸ 3.3.5　调整法与复制维修法

① 调整法

1	两种调整法	硬件调整和软件调整
2	硬件调整	硬件调整是指用手或螺丝刀或其他工具，配合眼或其他仪器、仪表，对电路的参数进行改变，使之达到正常值或音、像、色俱佳。如开关电源电路中的取样微调电阻，可用螺丝刀调整，同时用万用表检测 +B 电压，使之达到额定值；再如色纯度调整、加速极电压调整、聚焦极电压调整等

3	软件调整	彩电中的 I²C 总线，是专门用于传输软件控制数据的线路，其传输的数据信号——软件数据码，称为总线数据。总线数据是由具有不同控制功能的多种项目数据组成，总线调整就是把存储器中总线的项目数据调出来，进行修改或恢复，然后再存储。其目的是通过调整总线项目数据的大小，控制电视机的各种功能，如色度、亮度、对比度、白平衡、行幅、场线性等，使各项指标达到最佳状态。因此，调整总线数据，实质就是维修彩电的软件故障
4		有下列情况之一，就必须通过 I²C 总线对彩电进行调整 ❶ 彩电在使用过程中出现异常现象，但经检查，元器件正常、I²C 总线电压正常，则需要检查或进行相应软件调整。一般是由于总线数据发生错误，这时需要对发生错误的项目数据进行调整，调到正确值 ❷ 在更换某些主要元器件，如更换存储器、高频头、超级芯片、显像管、场输出集成电路等元器件后，需要对控制该元件的总线数据进行相应调整，以使电视机工作于正常状态 ❸ 因彩电使用日久及元器件老化，性能发生变化而引起电视机某些性能变差，影响正常收看时，就需要对相关电路进行调整。这时需要调整总线数据，以适应元器件当前特性的需要，使电视机工作于最佳状态，如行幅、场幅、高放 AGC、副亮度、枕形失真、图像中心位置等 　　对 I²C 总线彩电进行调整、检查 CPU 对 I²C 总线挂接集成电路的自检情况或更换存储器后对存储器数据进行写入时，都需要使彩电进入维修状态实施调整。维修状态，有些公司也称调整状态、行业模式、市场模式、维修模式或工厂模式等 　　I²C 总线的调整，大部分不需要仪器，一般采用遥控器，根据数据表提供的数据进行适量调整即可，但有些项目则需要一些仪器
5	总线调整方法	总线调整方法主要包括进入、退出维修状态的操作方法及总线调整的操作方法 （1）进入维修状态的几种方法 　　进入维修状态，就是使电视机由正常收看状态转入维修状态的总线调整状态，常有如下几种方法： ❶ 输入密码法。密码是生产厂家设置的一组数字，一般为四位数，必须按照规定的顺序操作遥控器或电视机上的数字按键方可使电视机进入维修状态 ❷ 按键法。按照规定的顺序操作遥控器或电视机上的功能键和数字键进入维修状态 ❸ 维修开关法。维修开关法是在主印制电路板上设置一个维修开关，按动该开关，电视机即可进入维修状态 ❹ 短路测试点法。此类机型是在超级芯片附近设置有一组专门测试点，按要求把测试点短路，电视机即可进入维修状态 　　彩电进入维修状态后，屏幕上通常显示有"S""D""M"等字符，其中 S 模式为"维修调整模式"，D 模式为"工厂设计模式"，M 模式为"生产调试模式" 　　在总线调整中，对于 S 模式数据，可由维修人员一边观察电视机的图像、音质，一边进行调整数据，把电视机的图、色、音维修到最佳状态；对于 D 模式数据，一般由工厂技术人员调整，电视机出厂后，也可由维修人员对照厂家的数据表，把发生错误的项目数据调整为正确值；对于 M 模式数据，一般为彩电的综合功能控制数据，调整这类数据将会导致彩电多种功能同时发生改变，一般不做调整。如确实需要调整，可按照厂家的 M 模式数据表，将发生错误的数据调整为正确值
		（2）调出总线数据的方法 　　在电视机进入维修状态后，再操作遥控器或电视机上规定的按键，使总线数据的"菜单"或"项目"显示在电视机屏幕上，以便于修改调整 　　一个"菜单"中通常包含多个"项目"，每个"项目"都有对应的数据。如屏幕上显示为"菜单"，就必须进一步操作电视机，使屏幕上显示出项目数据，项目数据才是总线调整的基本对象

5	总线调整方法	（3）总线调整的操作方法 　　在屏幕上显示出项目、项目数据后，再按遥控器或电视机上规定的按键，向电视机内输入有关指令，使修改项目数据由小变大或由大变小，进而控制电视机的相关项目参数达到最佳，直至排除软件故障
		（4）退出维修状态 　　在完成总线调整后，即可退出维修状态。退出维修状态常有以下几种方法： ❶ 按操作键。使用遥控器上的关机键退出或按两次遥控器上的正常键，即可退出维修状态 ❷ 关掉电源。调整任务完成后，关掉电视机电源即可退出维修状态，再开机即可正常收看 　　一般来说，同一机芯的各种不同型号的彩电，其进入、退出维修状态及总线调整的方法均相同；即使有些品牌与型号不同，但如果采用的机芯相同，它们的总线调整方法也相同，可相互参考
6	调整数据的注意事项	❶ 调整前要记录原始数据。记录下调整项目的名称、此项目中的原始数据值，以便调整失败后复原 ❷ 调整数据要做到有的放矢。要有目的地根据电视机反映的现象调整相关的项目数据，不能进入维修状态后随意乱调 ❸ 对"模式数据（选项数据）"进行调整要谨慎。要特别注意，该项数据调乱后会对 I^2C 总线彩电产生严重的后果 ❹ 在不更换存储器时，不要进行存储器的初始化

② 复制维修法

1	存储器故障情况	在超级芯片彩电中，E^2PROM 存储器常有硬件和软件两种故障发生。硬件故障主要是存储器本身损坏，而软件故障主要是复制在存储器内部的工厂数据紊乱
2	存储器故障现象	硬件损坏的故障现象主要是不开机或开机后蓝光栅无节目，需更换存储器并复制调试项目数据，因为市场销售的存储器一般为空白的（即没有写入数据）；而软件故障现象主要是光栅几何失真、行／场幅度异常、白平衡失常等，只需重新调整项目数据即可
3	复制方法	（1）计算机复制法 　　在计算机中安装复制仪的驱动程序，利用计算机和复制仪对空白（或待改写）存储器进行复制数据。这种方法需维修者提前在计算机中保存有可靠的芯片数据
		（2）复制仪复制法 　　利用复制仪进行脱机复制，即将正常存储器芯片数据直接复制到空白（或待改写）存储器中。这种方法需复制仪中保存有可靠的芯片数据或有同一机型芯片数据的存储器

| 3 | 复制方法 | （3）初始化法

　　向空白存储器复制数据的过程称为存储器初始化操作，又称数据写入或复制。初始化常因彩电机型不同而异，常有以下几种方法：
　　❶ 自动写入法。有些彩电在更换新空白存储器后，接通电源，只需按电视机的电源开关，总线系统将自动从 CPU 的 ROM 中调出控制数据，并写入空白存储器中且保存，作为存储器的初始数据
　　❷ 半自动写入法。有些彩电在更换新空白存储器后，需要操作遥控器或电视机上的有关按键，先进入维修模式的数据调整状态，再执行复制程序，才能从 CPU 的 ROM 内调出控制数据，并写入空白存储器中，完成存储器初始化操作
　　❸ 手动写入法。有些彩电在更换新空白存储器后，需要按照厂家提供的"总线数据表"，先操作电视机进入维修状态，然后将各项数据逐条写入存储器中，才能完成存储器初始化操作 |
| 4 | | 　　最后需要说明一点：电视机初始化后，有些机子并不能使图像和声音质量达到最佳状态，仍需在"维修模式"下对总线数据进行重新调整 |

▶ 3.3.6 其他通用维修方法在检修中的应用

① 加热法与冷却法

加热法与冷却法	有些故障，只有在开机一定时间后才能表现出来，这种情况一般是由于某个元器件的热稳定性差、软击穿或漏电所引起。经过分析，推断出被怀疑元件。通过给被怀疑的元器件加热或冷却，来诱发故障现象尽快出现，以提高检修效率，节约维修时间和缩小故障范围
加热法具体操作方法	当开机没有出现故障时，用发热烙铁或热吹风机对被怀疑的元器件进行提前加热，如元件受热后，故障现象很快暴露出来了，则该元件为故障器件
冷却法具体操作方法	当开机故障出现后，用镊子夹着带水的棉球或喷冷却剂，给被怀疑的元器件进行降温处理，如元件降温后，故障排除了，则该元件或与之有关的电路为故障源
	❶ 在进行局部加热时，加热的温度要严加控制，否则好元件有可能被折腾坏 ❷ 加热时，有些元件只能将电烙铁头靠近元件，而不能长时间直接接触烘烤 ❸ 冷却时，忌棉球水长流、跌落到其他元件或线路板上，造成新的短路性故障

② 干扰法

干扰维修法又称触击法、碰触法、人体感应法等	
适用	干扰维修法主要用于检查有关电路的动态故障，即交流通路工作正常与否
具体做法	用手握起子或镊子的金属部位去触击关键点焊盘，即晶体管的某电极、或集成电路的某输出输入引脚，或某关键元器件的引脚，触击的同时，通过观察荧光屏图像（或杂波）和喇叭中的声音（或噪声）的反应，来判断故障。此法最适合检查高、中频通道及伴音通道等，检查的顺序一般是从后级逐步向前级检查，检查到无杂波反应和噪声的地方，那么在这点到前一检查点之间就是大致的故障部位

续表

	干扰维修法又称触击法、碰触法、人体感应法等
增强信号	如果用起子触击时反应不明显，可改用指针式万用表表笔触击，即将万用表置于 R×1 或 R×10 挡，红表笔接地，用黑表笔触击电路的焊盘；也可采用外接天线的信号线作为探极，来触击焊盘。这样做会使输入的信号更强些，反应会更加明显
	❶ 在运用此法时应注意安全，不熟悉电路的维修人员最好不要用；同时，在碰触过程中，不要与其他焊盘短路而引起新的短路性故障 ❷ 荧光屏上和喇叭中的反应程度因机型或触击点而异，只有积累一定的经验之后，使用起来才会得心应手 ❸ 该方法检查时隐时现或接触不良的故障也很有效。它既可以使故障快速出现，又可能使故障立即消失，便于即时检查和排除故障 ❹ 必要时，应解除无信号静噪或伴音静噪，即脱开无信号静噪或伴音静噪的控制电路

③ 敲击法

	敲击诊断维修法又称敲击法、摇晃法，该方法是检查虚焊、接触不良性故障行之有效的手段
适用	彩电出现接触不良性故障，常表现为时正常时不正常：有时短时间故障频繁出现、有时长时间不出现，拍打机壳或机板时彩电时好时坏；有时打开机壳就好，盖上机壳又出现故障等。遇到上述情况，就必须人为地使故障频繁地重新出现，以便于快速确定故障范围和部位
具体做法	手握起子的金属部位，用其绝缘柄有目的地轻轻敲打所怀疑的部位，使故障再次出现。当敲击某部分时，故障现象最频繁、灵敏，则故障在这个部位的可能性就最大。当发现该部位造成故障的可能性较大后，可用手指轻轻摇晃、按压怀疑的元器件，以找到接触不良的部位；也可采用放大镜仔细观察印制电路板上的焊盘是否脱焊、铜箔是否断裂、插排是否接触良好等。必要时，也可用两手轻轻曲折电路板，以观察故障的变化情况
	❶ 注意人身安全。有些部位或元器件属于高电压范围，在具体操作时应注意人机的安全问题 ❷ 敲击时应注意用力的适度，防止用力过大而敲坏元器件，造成该元件永久性损坏；或敲斜元器件使其与相邻元器件相碰，造成短路现象发生 ❸ 某些部件或部位的敲击、摇晃要慎之又慎。如显像管的尾板安装在电子枪上时，敲击或摇晃尾板会造成显像管炸裂

④ 代换法

	代换法主要有等效代换法、元件代换法和单元电路整体代换法
元件代换法	元件代换法是用规格系统相近、性能良好的元件，代替故障机上被怀疑而又不便测量的元件、器件来检查故障的一种方法。如果将某一元件替代后，故障消除了，就证明原来的元件确实有毛病；如果代替无效，则说明判断有误，或同时还有造成同一故障的元件存在，这时可重复使用此法检查

续表

	代换法主要有等效代换法、元件代换法和单元电路整体代换法
等效代换法	等效代换法是在大致判断了故障部位后，还不能确定故障的原因时，对某些不易判断的元器件（如电感局部短路、集成电路性能变差等），用同型号或能互换的其他型号的元器件或部件进行代换。在缺少测量仪器仪表时，往往用等效代换法能迅速排除故障
单元电路整体代换法	当某一单元电路的印制板严重损坏（如铜箔断裂较严重或印制板烧焦），或某一元器件暂时短缺，而现行身边又不具备其他代换条件，可采用单元电路整体代换法。如用电源模块代换开关电源等 小型开关电源代换电磁炉低压电源，同类型机控制线路板的代换等
	❶ 代换的元器件应确认是良好的，否则将会造成误判而走弯路 ❷ 对于因过载而产生的故障，不宜用该方法，只有在确信不会再次损坏新元器件或已采取保护措施的前提下才能代换

⑤ 波形法

优点	检修 I²C 总线彩电，不能简单用万用表测量芯片各脚电压来判断芯片工作是否正常；也无法用普通示波器对 SDA 线与 SCL 线上的波形时序参数进行定量分析，这是因总线通道波形的即时周期不一样，普通示波器也无法清晰稳定地显示波形轨迹。因此，很难判断信号数据是否正常传送，各智能 I²C 是否按原有的通讯协议和 CPU 进行有效联络等。 但有一点是可以肯定，即示波器可以判断总线上有无信号存在和信号幅值是否正常
适用	通常遇到黑屏、失控、难以进入机器维修状态的机子，无法用软件项目数据进行调整并作进一步检查时，应首先检查 I²C 总线通道工作情况，可用示波器分别探查 MCU 和各受控 IC 的 SDA 端口和 SCL 端口有没有波形出现，其幅值是否符合要求（正常波形幅值应接近 5VPP）。在此注意，检查各被控部件的 SDA 线和 SCL 线时，示波器探针必须直接接触至该 IC 相关脚，免得引起误判。即使某些功能板的位置不便于测试，这步工作也应尽力去做。还应注意，当挂在 I²C 总线上控制组件之一损坏，影响到总线控制信号传递时，还可能引起其他控制组件失控，形成完全有悖于失效组件所涉及的故障
主要观察的波形	示波器可用来观察视频各种脉冲波形、幅度、周期和脉冲宽度，全电视信号波形、行场同步脉冲、行输出逆程脉冲等。通过对波形、幅度及宽度等的具体观察，便可确定某一部位的工作状态
测量的关键点	行输出管集电极、基极；行逆程脉冲信号各传递通道；伴音输出端；全电视信号输出端（预视放）；场锯齿波输出端、场输出中点；超级芯片时钟振荡等

⑥ 假负载法

判断范围	许多时候，在检修彩电时都是从测量主电源（+B）电压入手，当测得 +B 电压不正常时，就要判断故障在开关电源本身，还是在其他负载电路，这时，就需要接假负载，这是缩小故障范围的一条基本思路
假负载的大小	应根据开关电源的大小来选择，一般采用自制。自制时，用 250～500Ω/50W 大电阻或 60～150W 的白炽灯泡、电烙铁，在其两端焊接两根引线就可作为假负载

续表

优点	用灯泡作假负载是彩电维修中最常用的维修方法之一，这种方法方便快捷、简单易行、显示直观明了。通过观察灯泡的亮度就可以大体估计出输出电压的高低，大部分彩电机型都能直接接灯泡作假负载，其输出电压基本不变
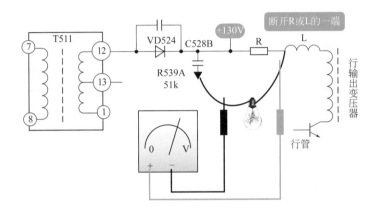	❶ 断开行扫描电路时，不要用刀割断铜箔，而应该断开滤波电感（如下图中 L）一个引脚或保险电阻（如下图中 R）一个引脚，或用针头将行输出管集电极或行输出变压器的初级引脚与铜箔分离开 ❷ 断开开关电源应选择在取样电路之后，而不能在取样电路之前断开；否则，若把稳压环路的反馈路径打开，将致使电源输出电压不受控制而引发一些新的故障 ❸ 有些机型用灯泡作假负载时，输出电压会或高或低或无输出。在这种情况下，接假负载要因时制宜、灵活运用，要针对不同机型采用不同方式，否则会误导维修思路。如采用厚膜 FSCQ1265RT 的开关电源不宜用灯泡作假负载，因灯泡冷态阻值小，启动瞬间电流大，会造成该电源进入过流保护状态

断开行扫描电路中行输出级供电电路，如图中的R或L的一端，将假负载的一端接开关电源+105～+150V输出端，另一端接地，开机后，如果开关电源输出电压恢复正常，表明行扫描电路有问题；如果开关电源电压无变化，表明不是行扫描电路造成开关电源工作异常，而是存在过流、短路，问题在开关电源或相关电路

3.4　用万用表检测 IC 故障的技巧

▶ 3.4.1　集成电路的一般检测法

在路检测	（1）测量各引脚电压 　　将测得的电压值与电路图中标注值进行比较，数值相差较大处就是故障点；排除外部元件损坏可能后，就表明 IC 的这一部分有故障。但要注意，有些引脚的电压在静态（无信号）和动态（有信号）的情况下是不同的
	（2）测量供电电流 　　测量时既可将万用表串入供电线路，也可用降压电阻上的电压来算出供电电流。若测得的电源电流较大（比电气特性规定的最大值还大），则不是被测 IC 特性不良就是已损坏
	（3）测量在路电阻 　　集成电路的在路电阻值通常厂家是不给出的，只能通过搜集或自己测量正常彩电获得。如果测得的电阻值变化较大，而外部元件又都正常，则说明 IC 相应部分的电路损坏。由于内外电路可能存在有单向导电的元件或等效的单向导电元件，所以须交换表笔作正反两次测量

续表

在路检测	（4）测量输入、输出信号 如果IC的输入信号正常而无输出信号，一般是IC损坏
	（5）手摸IC（温升）检查 正常工作的集成电路，手摸上去一般不烫手。当集成电路损坏时，不仅电压、电阻、电流失常，而且温升也将失常；在供电电压正常的情况下，如果摸上去烫手，则表明IC有故障
脱焊检测	（1）检测IC端子上的电阻、电压 为了防止误诊，当将IC的各脚脱焊取下来后，还应再检测IC各接脚端子的对地电阻和电压。这项测量的目的是进一步检查外部元件及电路是否有故障。根据测量的结果，结合该管的外部电路，就可以分析、判断外部电路是否有故障
	（2）测量各引脚对公共端的电阻 通过测量单块集成电路各脚的电阻值，并与标称值比较，或结合内部电路进行分析，就可判断IC的好坏。测量时，应交换表笔作正反两次测量，然后分析所测结果，凡差别较大处，其内部相应的电路很可能已损坏
	（3）实装检测 如果有实验设备或装有插座的彩电，将被怀疑的IC替换上机，看图像或伴音、彩色是否正常，就能迅速判断IC是否有故障

▸ 3.4.2　检测集成电路的原则

先测量IC的工作条件，后测量电压变化最大端	集成电路必须在正常工作条件下才能工作。因此，当初步判断故障与集成电路有关时，应先测量其工作条件电压是否正常。如果电源端脚电压过高或过低，那么其他各脚电压跟随变化也在情理之中，并非IC有毛病
	有些IC只有一个工作条件，就是正极、负极；而有些IC就有多个工作条件，例如超级芯片。有些IC只有正极、负极两个引脚，而有些IC正极、负极引脚有多个，要注意这一点
	在电源供电正常情况下，就应再检测电压变化最大端子的内外电路。当然不能以发现某脚电压异常就肯定是IC损坏，更不能盲目更换集成电路，而应先查电源、查外部电路
先检查外，后检查内	当某一故障的原因既可能在IC内部，也可能是外部元件时，应先排除外部元件的故障，然后再判断IC故障。一般来说，不必追查IC内部电路到底是哪一个元件损坏，只要做到判断准确就可以了
	在取下IC后，应再测量各端子对地的电阻值和电压值，复查外部元件是否正常，并注意检查印制板的铜箔是否断裂，防止误诊

▸ 3.4.3　识别集成电路的引脚排列规律

所谓封装是指安装集成电路用的外壳。按照封装材料，集成电路的封装可分为金属封装、塑料封装及陶瓷封装等。其中，塑料封装的集成电路最常用，它又分方形扁平型（适用于多脚电路）和小型外壳（适用于少引脚电路）两大类。按照封装外形，集成电路的封装可分为直插式封装、贴片式封装及BGA封装等类型。

① 金属圆形集成电路引脚排列规律

将引脚朝上，从管键(凸起的定位销)开始，顺时针计数

② 单列直插式集成电路引脚排列规律

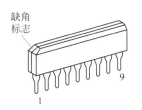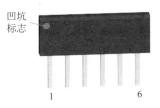

缺角标志

凹坑标志

把引脚朝下，面对型号或定位标记，自定位标记(凹坑、倒角或缺角、色点或色带等)一侧的头一只引脚开始计数，依次为1、2、3……脚

③ 单列曲插式集成电路引脚排列规律

单列曲插式集成电路的引脚也是呈一列排列的，但引脚不是直的，而是弯曲的，即相邻两根引脚弯曲方向不同。将正面对着自己，引脚朝下，一般情况下集成电路的左边是第一个引脚。从图中可以看出，1、3、5单数引脚在弯曲一侧，2、4、6双数引脚在弯曲的另一侧

④ 双列直插式集成电路引脚排列规律

标记

正面的字母、代号对着自己

将IC正面的字母、代号对着自己，使定位标记(凹坑、倒角或缺角、色点或色带等)朝左下方，则处于最左下方的引脚是第1脚，再按逆时针方向依次计数，便是第2、3……脚

双列直插式封装(DIP)集成电路具有两排引脚，其结构形式主要有多层陶瓷双列直插式封装、单层陶瓷双列直插式封装及引线框架式封装等。引脚中心距2.54mm，引脚数从6~64，封装宽度通常为15.2mm。塑封造价低，应用最广泛；陶瓷封装耐高温，造价较高，用于高档产品

⑤ 双列表面安装集成电路引脚排列规律

凹坑标志

将IC正面的字母、代号对着自己，使定位标记(凹坑、色点)朝左下方，则处于最左下方的引脚是第1脚，再按逆时针方向依次计数，便是第2、3……脚

⑥ 扁平矩形集成电路引脚排列规律

缺角标志

计数顺序

扁平矩形集成电路从缺角处逆时针开始依次计数。方形扁平封装(QFP)，通常只有大规模或超大规模集成电路采用这种封装形式，其引脚数一般都在100以上

第**4**章

彩色电视机单元电路检修技巧

4.1 开关电源的检修技巧

▶ 4.1.1 实战11——在图纸中、印制板上识别开关电源元器件

① 电源系统单元电路在图纸中的识别

总体上来讲，开关电源电路一般位于原理图的左下部分或左上部分，主要用于识别的元器件有开关变压器、开关管（或厚膜）、桥式整流器、抗干扰电感、光电耦合器、保险管和消磁电阻等。

在识图时可先找到开关变压器，以它为中心进行前级或后级分析，前级即变压器的初级之前，主要有抗干扰、消磁、整流、滤波、开关调整等电路；后级即变压器的次级之后，主要有取样电路，多组单管整流、滤波、稳压电路，其中稳压电路的形式较多，常有单二极管稳压、电子式稳压（三极管和稳压二极管配合）、三端稳压器件等。

② 电源系统单元电路在印制板中的识别

电源电路在机板中的识别主要看：开关变压器、开关管（或厚膜）的散热片、+300V滤波电解电容、整流桥、光电耦合器等，因为这些元器件外形较特殊或体积较大，容易识别与辨认。

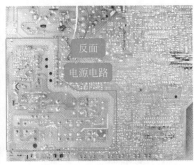

③ 在印制板上识别开关电源元器件

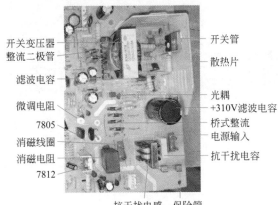

左侧标注（从上到下）：
开关变压器
整流二极管
滤波电容
微调电阻
7805
消磁线圈
消磁电阻
7812

右侧标注（从上到下）：
开关管
散热片
光耦
+310V滤波电容
桥式整流
电源输入
抗干扰电容

底部标注：抗干扰电感　保险管

> 在维修和检查时，整流输出电压总是由不同规格型号的电解电容滤波，并在其两端形成稳定电压向后级负载供电，因此，各组整流输出的滤波电容两端的电压就是该组的供电电压，而其两端的电阻阻值也就是该组供电负载的匹配电阻。当负载电路出现故障时，其匹配阻值也会发生变化，反映在滤波电容两端的电阻值也会随着变化，进而使其两端的电压发生变化，特别是后级负载出现短路现象，输出电压下跌较大。因此，在选取关键点测量时，各整流或稳压输出的滤波电容的两端电压及其正反向电阻阻值就显得特别重要

▶4.1.2　实战12——开关电源无电压输出的故障判断与检修

① 烧保险管

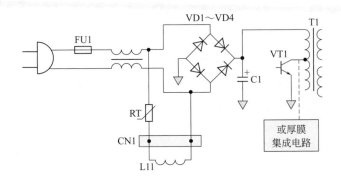

故障现象	烧保险管
故障原因分析	开关电源中的下列元器件有问题：热敏电阻 RT 烧毁有碎片短路、开关管 VT1 或厚膜集成电路击穿短路、滤波电容 C1 击穿或漏电、整流桥或整流二极管之一有短路等
维修方法	观察法、电阻法、正反电阻法
🔔	❶ 一般情况下开关变压器绕组、消磁线圈短路现象较少出现 ❷ 电源发生故障有时是行扫描电路异常短路造成的，因此，在维修好电源后，要判断一下电源后级负载是否有短路现象。负载有短路时，要排除后再连接电源

② 保险管正常，开关变压器次级各绕组都没有输出电压

故障现象	保险管正常，开关变压器次级各绕组都没有输出电压
故障原因分析	该故障主要是断路性故障。检测时要紧紧围绕着开关管（或厚膜集成电路）的工作条件来进行检修，即：开关管集电极供电 +310V、开关管启动电压（基极电压）、反馈网络电压等
维修方法	可以先采用电压法确定一下故障的大致范围，然后继续用电压法或电阻法进一步确定故障元件。下面的检修不包括保护电路动作
故障检修	检修图如下图所示 ❶ 测量开关管 VT1 集电极电压是否有 +310V。有且正常，继续下一步；无电压，则为电源插头、开关、保险管座、整流桥（或整流二极管）或开关变压器初级有断路或接触不良或有引脚脱焊等现象 ❷ 测量开关管基极电压。一般为几伏，若开关管启动工作后为零点几伏或负压，继续下一步；无电压，则为启动电阻 R1、R2、R3 断路或开关管损坏 ❸ 检查反馈网络元件。检测电阻 R4、电容 C2、开关变压器绕组 3 ～ 4 是否有异常
📡	在测量电压时，热地与冷地是不相通的。前级电压用热地，而后级电压用冷地

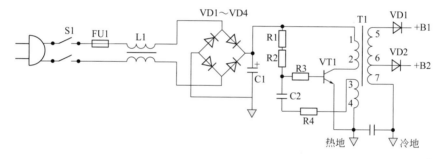

③ 某一个电压没有输出

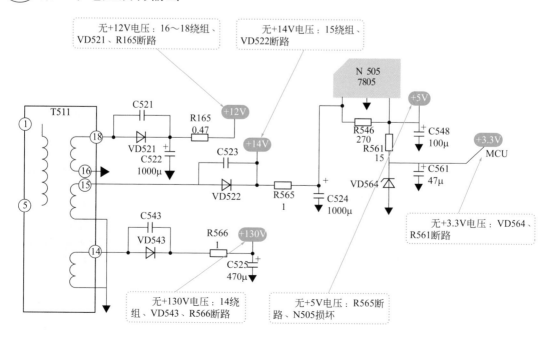

故障现象	某一个电压没有输出，其他电压输出正常
故障原因分析	其他电压输出正常，表明开关电源电路工作基本正常，而某一个电压没有输出，故障就在这一路供电电路上。可能原因有：开关变压器绕组开路或引脚脱焊、整流二极管断路、三端稳压器、三极管、稳压二极管损坏
维修方法	电压法、电阻法
故障检修	例如上图，没有 +3.3V 电压，先测量 +14V 是否正常。若该电压若不正常 (无 +14V 电压)，主要应检查 15 脚绕组、VD522 是否断路；若正常，再进行下一步。下一步测量 +5V 电压，该电压若不正常 (无 +5V 电压)，主要应检查 R565 是否断路、三端稳压器 N505 是否损坏等；若正常，再检查稳压管 VD564、R561 是否断路

4.1.3 实战 13——开关电源输出电压低的故障判断与检修

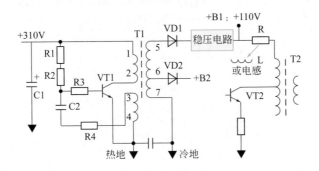

故障现象	开关主电源输出电压低
故障原因分析	故障分析：主要原因有两个，一个是开关电源本身有问题（特别是稳压电路），使输出电压低或不稳；另一个是开关电源的主负载有过流故障，造成开关电源负载过流，引起开关电源输出端电压低或不稳定
维修方法	对这种故障要先用假负载法判断故障在开关电源还是行扫描电路
故障检修	检修图如上图所示 断开行供电中的 R 或 L，在 +B1 处（+110V）接入假负载。测量主电源电压，若正常，则为行负载有短路现象，检测行输出管或更换行输出变压器；若仍是电压低，则为电源本身有故障，主要应检查开关电源的稳压电路和脉宽调整电路

4.1.4 实战 14——光栅扭曲或干扰的故障判断与检修

故障现象	光栅像 "S" 扭曲或干扰。在不接收信号时，显像管屏幕上光栅的垂直边沿不断地做周期性扭曲，且扭曲幅度和频率不尽相同。用这种彩电接收电视节目时，图像不稳定，并且伴音中可能混有哼声
故障分析	如果电源的纹波电压太大并串入行扫描电路，就会引起光栅扭曲，光栅的垂直边沿出现 S 形扭曲。因此，这种故障多半出在电源电路。整流、滤波元件损坏，开关稳压电路失控都会引起光栅扭曲

续表

故障判断	光栅扭曲明显（频率低、摆幅大），说明整流、滤波电路有故障；光栅只是轻微扭动（频率高、摆幅小），则故障出在开关稳压电路
故障检修	主要检查滤波电容 C1

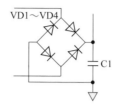

▶ 4.1.5　实战 15——光栅有色块、色斑

故障现象	彩电屏幕上光栅着异色（一种或几种），色块也没有规律，接收彩色节目时，相应部位的底色不正常。若将色饱和度调到最小，黑白图像上将出现固定的色块或色斑
故障分析	造成屏幕上局部颜色不正常，通常是自动消磁电路有故障。主要原因有：消磁电阻损坏、消磁线圈异常、消磁线圈与主板连接的插片有问题等
检修方法	电阻法、代换法、手动消磁器
故障检修	❶ 更换同规格的消磁电阻。更换后，开机 / 关机几次，直到屏幕没有色块为止 ❷ 如果磁化严重，可采取机外人工消磁器消磁

消磁电阻　　三端消磁电阻　　两端消磁电阻　　色斑现象

▶ 4.1.6　实战 16——三洋 A3 开关电源的维修

三洋 A3 开关电源原理图如下图所示。

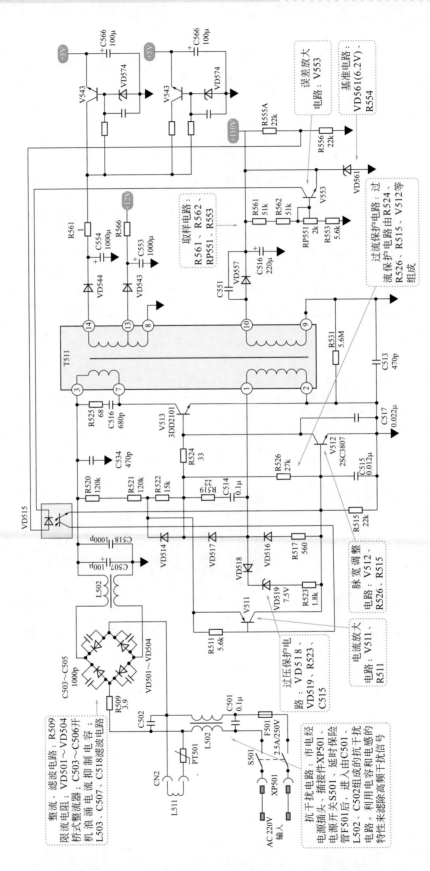

① 开关电源检修时的顺序

开关电源检修时的顺序	
❶	应检查交流供电电路是否正常，包括有无市电，电压值是否正常，插头、电源线是否良好，开关有无接触不良，保险管有无熔断
❷	检查电源、电压输出端有无短路等故障，若前两项检查正常后，再开始开关电源主体电路的检查
❸	应检查整流滤波电路输出的 300V 左右的直流电压，若无或太低，就应检查保险电阻、整流二极管、滤波电容、抗干扰元件、开关管等是否正常；若 300V 左右的直流电压正常后，故障仍不能消除，再检查启动电路、振荡电路、取样与稳压控制电路和保护电路

开关电源检修逻辑程序图如下图所示。

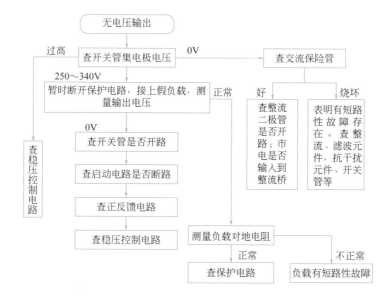

② A3 开关型稳压电源的检修

❶ 接上假负载	在检修电源时，最好将所有负载都断开，并在 +B 输出端与地之间接一假负载，以免造成意外损失
❷ 故障现象：电源不起振	接上假负载后，灯泡不亮，各路输出电压均为 0V 这种情况说明电源不起振，可按如下所示的流程进行检修
❸ 故障现象：灯泡微亮	接上假负载后，灯泡微亮，+B 电压只有几十伏 这种情况说明稳压电路有故障，此时，可断开 VD515（光耦），看 +B 电压能否升高，若能升高，说明脉宽调整电路是正常的，故障出在取样比较放大器或光耦。若断开光耦后，+B 电压不能升高，则应检查脉宽调整电路，即 V511、V512 及其周围元件

续表

❹ 故障现象：+B 电压升高	接上假负载后，电源能工作，但 +B 电压升高许多 　　这种现象也是稳压电路异常引起的。检修时，可将光耦发射极与集电极短路，看 +B 电压是否下降很低，若下降很低，说明脉宽调整电路正常，故障一般为光耦、V553 及其周围电路；若短接后，+B 电压不下降，说明故障出在脉宽调整电路上，应查 V511、V512 及其周围元件。顺便说明一点，当 +B 电压升高很高时，很可能损坏负载，如击穿行管、行输出变压器等，因此，排除电源故障后，还必须检查一下行负载
❺ 故障现象：经常损坏开关管 V513	损坏开关管的原因有如下几方面：一是 300V 滤波电容 C507 容量减小，导致纹波过大，使电源工作环境变差，开关管截止期间，初级绕组所产生的反峰脉冲增高，击穿开关管。二是并联在初级绕组上的反峰网络失效（R525 或 C516 断路），导致开关管截止后，初级绕组所产生的反峰脉冲得不到吸收，长时间加在 V513 的 ce 极之间，击穿 V513。三是 V512、C515、C517、V511 等元件性能变差，导致电源发生轻微的"吱吱"声，使开关管功耗加大，发热严重而损坏。更换 V512（2SC3807）时，应特别注意其 β 值，一般应选用 $\beta \geqslant 400$ 的管子，如 2SC3807、2SC2060、2SC400 等

4.2　行扫描的检修技巧

▶ 4.2.1　实战 17——在图纸中、印制板上识别行扫描电路元器件

① 行扫描单元电路在图纸中的识别

　　总体上来讲，行扫描电路一般位于原理图的右下部分或右中部分，主要容易识别的元器件有一体化行输出变压器、行开关管、行激励变压器、行偏转线圈等。在识图时应掌握它的布局排列顺序，如下图所示。在识读各组行电源时，一般规律是限流电阻→整流二极管→滤波电容→三端稳压器（或电子稳压）。

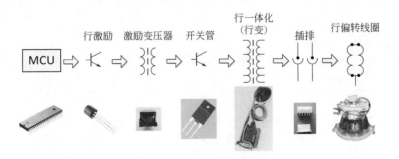

②　行扫描单元电路在印制板中的识别

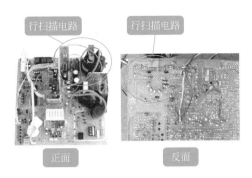

③　在印制板上识别行扫描电路元器件

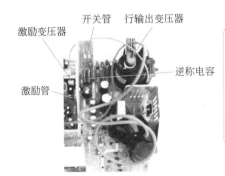

　　行扫描单元电路在机板中的识别主要看：一体化行输出变压器、行开关管及散热片、行激励变压器、大功率的供电电阻、整流二极管、滤波电容、稳压器件、行偏转线圈等。因为这些元器件外形较特殊或体积较大，容易识别与辨认

④　行输出变压器结构图

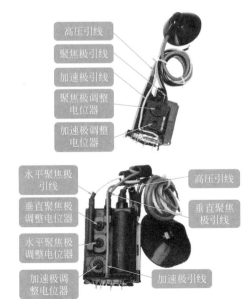

　　行输出变压器从结构上来分有两种：单聚焦极和双聚焦极。单聚焦极用于一般尺寸的彩电，双聚焦极用于大屏幕彩电的动态聚焦
　　带动态聚焦的行输出变压器有两个聚焦极电压，一个叫做水平聚焦极，另一个叫做垂直聚焦极，故称为双聚焦行输出变压器

4.2.2 实战18——判断行扫描电路是否正常工作

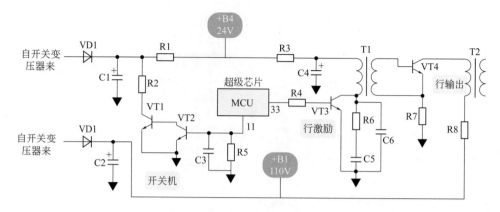

任务	判断行扫描电路是否正常工作
方法	❶观察显像管灯丝是否正常点亮，若正常点亮，就表明行扫描电路基本正常 ❷通过测量显像管灯丝或加速极等直流电压可判断扫描电路是否工作 ❸若行输出变压器所有的电压输出端均无电压或均不正常，说明行扫描电路没有正常工作 ❹若行输出变压器有的输出端电压正常，有的不正常，说明行扫描电路基本正常。但行输出变压器电源输出异常则说明该绕组断路或整流滤波及限流元件有问题
技能	行输出变压器负载或负载供电中的整流、滤波元件短路或工作电流大、显像管漏气，均会造成行输出变压器输出电压低或无电压输出。检修时可分别断开相关的负载或对供电的整流二极管进行检查（一般采用脱开法），若是脱开某路负载或整流二极管后，行输出变压器的其他输出端电压恢复正常，可判断故障在所脱开的负载及整流二极管或滤波电容；若故障仍然存在，可判断故障与所脱开的负载无关
测量行输出电路关键点电压的方法	（1）行激励管集电极电压 测量该关键点电压可判断行输出管输入回路是否开路、开机／待机控制电路是否正常、行扫描前级电路是否正常等 该电压正常，可判断开机／待机控制电路是正常的，行扫描电路、行激励变压器初次级回路（行输出管基极回路）基本正常 该电压高于正常值，低于供电电压，故障在行输出管的基极回路（有开路现象），造成行激励管负载轻所致 该电压等于供电电压，则说明行激励管处于截止状态，应进一步测其基极电压后再判断故障所在 该电压为0V，说明激励管饱和导通，或集电极供电电路中存在断路及集电极与地短路，此时应进一步测量供电电压和基极电压后再判断故障所在 该电压介于0V和正常值之间，则说明行激励负载过重，或集电极供电不足及基极电压高，此时应对其集电极供电电路、基极电压进行测量，最后再做出判断 （2）行激励管基极电压 大多数彩电行激励管基极电压为直流0.3～0.6V 该电压正常，说明该级及前级电路基本正常

续表

 重要数据	一般来说，37cm 彩电的行电流为 300～350mA；47cm 彩电的行电流为 350～400mA；54cm 彩电的行电流为 400～500mA。一般屏幕越大，行输出级电流就越大。维修中要注意积累经验，如果检测中发现行输出级电流很大，甚至达到正常值一倍以上，就应考虑行输出变压器是否有匝间局部短路，行偏转线圈是否有局部短路，行、场偏转线圈之间是否有漏电等

▶ 4.2.3　实战 19——判断行输出变压器是否正常

行输出变压器损坏引起的故障现象	❶ 绕组击穿、短路引起：开关电源停振或进入关机状态；开关电源电压低于正常值；行输出管发热，引起行脉冲幅度小，导致光栅水平方向不足 ❷ 聚焦极、加速极电位器有接触不良现象，引起聚焦不良、亮度低、亮度高或忽高忽低 ❸ 绝缘性能下降引起的辐射干扰，即竖条干扰、打火 ❹ 高压极电压不足，引起亮度忽高忽低，并造成光栅水平方向的幅度收缩等
从故障现象初步判断行输出变压器问题的方法	（1）全无、二次不开机、光栅小或收缩等故障现象 ❶ 正反电阻法测量行管对地电阻，若异常（0Ω），在检查行管、整流二极管、逆程电容都正常的情况下，可判断行输出变压器内部有短路现象 ❷ 在测得行管对地正反电阻基本正常情况下，开机测量集电极、基极对地电压 　若集电极、基极正常，说明行输出管得到了正常的工作电压和行激励脉冲，也就说明行输出管集电极对行输出变压器提供正常的行脉冲，行输出变压器无电压输出的原因是由于自身问题 　若是集电极电压正常，但基极无电压或电压过小，这表明行输出管得到了正常的工作电压，但是基极没有得到正常的行激励脉冲。此时，应先将行输出变压器排除在故障检修范围之外 　若集电极电压为 0V 或低于正常值许多，说明行输出管没有得到正常的工作电压，此时应先检查集电极电压异常的原因
	（2）严重打火 开机后可以听到"吱吱"的高压打火现象或关机后可以观察到有打火的痕迹
	（3）其他正常，只是聚焦不良 ❶ 聚焦故障是渐变的。就是刚开机图像模糊，过一会自动恢复正常。这种原因一般是显像管的管座受潮后引起绝缘性能下降所造成的，可更换管座 ❷ 聚焦故障为突然发生的。先调节行输出变压器上的聚焦电位器，如果故障排除，说明彩电是聚焦电位器位置有移位现象；如果不能排除，说明电位器有问题，只能更换行输出变压器
	（4）亮度异常 亮度异常的原因有多种，但其中主要原因之一是加速极电压不正常。判断方法是测量尾板上的加速极电压即可

4.3 场扫描的检修技巧

▶ 4.3.1 实战 20——在印制板上识别场扫描电路元器件

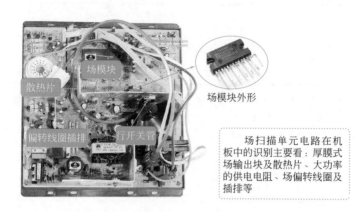

场模块

散热片

场模块外形

偏转线圈插排 行开关管

场扫描单元电路在机板中的识别主要看：厚膜式场输出块及散热片、大功率的供电电阻、场偏转线圈及插排等

▶ 4.3.2 实战 21——场扫描电路的检修方法和技巧

场扫描电路的检修方法和技巧	
东芝超级芯片	光栅呈水平亮线或亮带，是场扫描电路工作不正常所致，主要应通过检查超级芯片 16 脚输出的场激励脉冲信号是否正常来判断故障部位。若超级芯片 16 脚无场激励信号输出或输出的场激励信号不正常，则故障在超级芯片或 15 脚外接的场锯齿波形成电容。若超级芯片 16 脚输出的场激励信号正常，则故障在超级芯片
飞利浦超级芯片	光栅呈水平亮线或场幅异常时，将场偏转线圈与场输出电路之间断开，然后开机测量超级芯片两个场激励信号输出端电压是否相同。若是两端电压差异较大，则是场锯齿波形成电路中的阻容元件损坏或超级芯片内部损坏
干扰法	首先用干扰法从场输出级的输入引脚注入信号，看亮线是否能展开一点，如果展开了一点，那么故障在场扫描前级，即场振荡和锯齿波形成电路；如果没有反应，则故障在场输出级电路（厚膜）。然后，就可以用电压法检查各个关键点的电压，用电阻法检查元件，包括场厚膜
重要数据	场输出集成电路（厚膜）的电流大小，也可以判断场输出厚膜的工作情况，可以通过测量限流电阻上的电压来判断，电流依屏幕大小和供电电压高低而异，一般在 300 ~ 800mA

4.4　伴音电路的检修技巧

4.4.1　实战 22——在印制板上识别伴音电路元器件

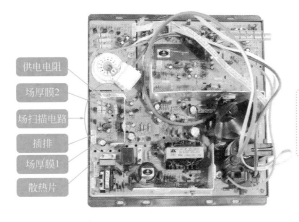

供电电阻
场厚膜2
场扫描电路
插排
场厚膜1
散热片

> 伴音通道单元电路在电路板中识别时主要看：伴音集成厚膜、与喇叭连接的插排、散热片、供电电阻、超级芯片等

4.4.2　实战 23——伴音电路的检修方法和技巧

伴音电路的检修方法和技巧	
利用 TV/AV 功能转换来缩小故障范围	若 TV 伴音异常，可将彩电转换到 AV 状态，通过 AV 插孔输入 AV 音频信号，看 AV 伴音是否正常；反之，若 AV 伴音不正常，则转换到 TV 状态，接收电视信号，看 TV 伴音是否正常。这种方法对各类伴音故障都适用 　在 AV 状态下，如果扬声器有声音，说明无伴音故障发生在 TV/AV 电路之前的伴音中频电路；如果没有声音，说明故障出在 TV/AV 电路后续的伴音功放电路
干扰法初步判断故障范围	在超级芯片的 TV 音频信号输出端，加入干扰信号，听扬声器是否有较强的干扰声音。若有干扰声音，则是音频切换电路、伴音功放电路工作正常，故障在超级芯片及其外围元件 　若无干扰声音，则是总线数据不正常或音频切换电路、音频处理电路、音频功放电路有故障。可进入总线调整状态，检查"MODE"模式项和"OPT"项中有关音频的功能设置是否正确。若总线数据正常，再分别检查音频切换电路、音频处理电路和音频功放电路 　另外，静音电路元件损坏也会出现无伴音故障

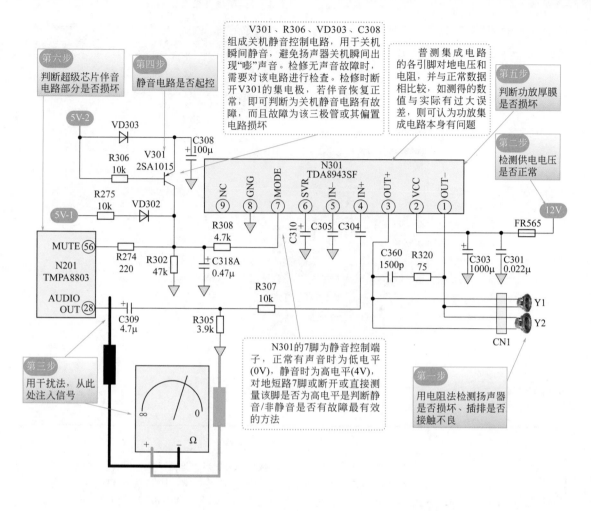

4.5 公共通道的检修技巧

▶ 4.5.1 实战 24 ——在印制板上识别公共通道电路元器件

在公共通道单元电路印刷电路板中识图时，应掌握它的布局排列顺序和特有元件的外形特点，如下图所示。

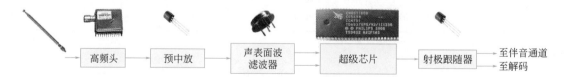

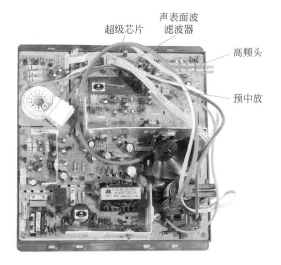

超级芯片　声表面波滤波器　高频头　预中放

▶4.5.2　实战 25——无图像、无伴音故障范围的判断与确定

无图像、无伴音故障范围的判断与确定	
利用 AV/TV 转换功能来判断	若测得输入 AV 信号后，图像和伴音恢复正常，则故障在视频检波电路之前的信号处理电路或视频开关切换等电路 再将故障测得的视频信号输出端与另一台工作正常的彩电的视频信号输入端相连。观察彩电在切换频道时是否有图像出现。若有图像出现，则可判断故障测得的射频信号处理电路工作正常，故障在视放切换开关电路或同步分离电路；若无图像，则说明射频检波电路之前的信号处理电路有故障
关闭蓝背景功能来判断	将彩电的蓝背景功能关闭后，观察屏幕上是否有噪波出现。若屏幕上有噪波出现，则说明超级芯片内部的中放电路工作正常，故障在声表面滤波器、预中放电路或高频头；若屏幕为无噪波的白光栅，则故障在超级芯片内部的中放电路或相应的外围电路，应检查超级芯片 IF 部分供电电压及 AGC（自动增益控制电路）电压、图像中频锁相环滤波端电压及 AFC（自动频率控制电路）电压是否正常
干扰法来判断	可分别在高频头的 IF 输出端和超级芯片的中频输入端加入感应信号，观察屏幕上是否有杂波反应。若屏幕上有明显的杂波出现，则故障在高频头及控制电路，应检查高频头上 BM（供电电压）、AGC（自动增益控制）、VT（调谐）电压是否正常。若电压正常，则高频头本身有问题；若电压不正常，则故障在上述各端子的电压供给电路或高频头内部电路 若在 IF 端子加入信号时，屏幕上无反应或反应不明显，而在超级芯片的中频输入端加入信号时屏幕上有较强的反应，则说明超级芯片内部的中频信号处理电路工作正常，故障在声表面波滤波器或预中放电路
声表面波滤波器好坏的判断	用一只 0.01μF 的瓷片电容并联在声表面波滤波器的输入、输出端，若图像恢复正常，则是声表面波滤波器损坏

▶ 4.5.3　实战 26——高频头和选台电路故障的检修

高频头和选台电路故障的检修	
高频头电路出现的故障现象	无图像、无伴音；无彩色或彩色效果差；图像淡、雪花干扰明显；图像漂移（跳台）等
确定故障范围是在高频头还是在中放电路	❶取消蓝屏功能。将彩电的蓝屏功能消除后，通过观察电视机屏幕上噪声粒子的多少来判断故障范围。若光栅上无噪声粒子（一片白光栅）或噪声粒子稀、淡、少，故障一般在中频通道；若光栅上噪声粒子密、浓、大，故障一般在高频头及相关电路 ❷干扰法。脱开与高频头 IF 输出端子相连接的耦合电容的一个引脚，用万用表"R×1k"挡，红表笔接地，黑表笔触及预中放管的基极，观察屏幕上是否有噪波粒子闪烁，若有噪波粒子闪烁，则为高频头及外围电路有故障；若无噪波粒子闪烁，则为后级电路（包括预中放、声表面波滤波器、图像中频处理电路等）故障
高频头和选台电路故障的检修过程	❶测量高频头的供电电压 VCC。VCC 一般为 +5V ❷测量高频头的频段控制电压 BU（U 段）、BH（H 段）、BL（L 段），频段控制电压一般为 +5V ❸检查调谐供电电压 VT，一般为 +30V ❹检查调谐电压 VT，该电压在自动搜索电台时是不断变化的，变化范围为 0 ～ 30V ❺测量 AGC（自动增益控制）电压，AGC 电压在 4V 左右 ❻测量 SCL（总线数据线）、SDA（总线时钟线）电压
📢 取消蓝屏的方法	❶利用遥控器调出"系统设置"菜单，再选中"背景开关"项（通常有开 / 蓝屏 / 黑屏选项），设置为"关"，即可取消蓝背景或黑屏静噪功能 ❷断开超级芯片的消隐端子、蓝屏控制端子，取消蓝屏 ❸模拟电台识别信号输入微处理器，认为解除蓝屏静噪和静音

4.6　解码系统故障的检修技巧

▶ 4.6.1　实战 27——显像管工作条件的检测

显像管工作条件（电压）			
电极名称	符号	作用	电压
灯丝	F 或 H	加热阴极	6.3V（有效值），由行输出变压器提供。（灯丝电阻 2 ～ 5Ω）
阴极	KR（红阴极）、KG（绿阴极）、KB（蓝阴极）	受热后，发射电子	100 ～ 180V

续表

显像管工作条件（电压）			
电极名称	符号	作用	电压
栅极	G1	又称为控制极、截止电压，通常接地，与阴极形成阴栅电压，用该电压控制束电流的大小，即实现亮度控制。阴极电压越高，则束电流就越小，光栅就越暗；反之，阴极电压越低，光栅就越亮	0V
加速极	A1 或 G2	又称为第一阳极、帘栅极。加速电子束运动的速度。加速极电压越高，电子速度越快，光栅越亮	几百伏，可调。由行输出变压器（SCREEN 电位器）提供
聚焦极	A3 或 G3	使电子束产生细小而圆的光束，从而达到图像清晰度	一般在 4～8kV。荧光屏尺寸越大，要求聚焦电压越高，如 29in 以上的大屏幕显像管，该电压在 10kV 以上。由行输出变压器（FOCUS 电位器）提供
高压极	A2 和 A4 或 HV	又称为高压阳极，使电子束进一步加速和聚焦	一般为 20～27kV。荧光屏尺寸越大，要求高压极电压就越高

几种显像管典型技术参数如下表所示。

尺寸 /cm	型号	偏转角 /°	管径直径 /mm	灯丝电压 /V	灯丝电流 /mA	加速极电压 /V	聚焦极电压 /V	高压极电压 /kV	截止电压 /V
54	A51JFC01X	90	29.1	6.3	680	460～820	7880～8870	25	95～160
	A51JUL90X01	90	22.5	6.3	300	410～880	6330～7230	25	85～160
64	A59JMZ190X04(C)	110	29.1	6.3	300	最大 100	7600～8400	25	最大 200
	A59KFS81X01(C)	110	29.1	6.3	680	460～820	6890～7950	26.5	最大 200
74	M68KPH195X	108	29.1	6.3	575	810～1230	755～8500	29.5	最大 200

▶ 4.6.2　实战 28——显像管好坏的检测与判断

显像管好坏的检测与判断	
看灯丝点亮情况，测量灯丝电压	在通电的情况下，观察灯丝是否点亮。如果灯丝不亮，只要测量灯丝两端的电压是否正常，即可判断灯丝是否烧断。若有灯丝电压而灯丝不亮，则是管座灯丝引脚接触不良或灯丝断路

显像管好坏的检测与判断	
测量其他电极电压	在灯丝点亮的情况下，显像管无光栅，就要继续检测其他电极的工作电压，如阴栅电压、加速极电压、聚焦极电压和高压极电压
高压极电压的测量	测量显像管阳极高压时必须使用专用的高压测量仪器（如高压棒、高压表）进行测量。测量时，先将仪器负端固定在电视机地端，仪器正端的高压棒连接高压测试点后，再开机测量。切不可用两手分别拿一测试棒在带电的情况下直接测量。 在实际维修中常常可以用下面的方法粗略判断有无高压：开机时手在屏幕的前方感觉有吸动的现象，就是有电压
显像管衰老的判断	用万用表的电流挡测量显像管的阴极电流，当亮度调到最大时，彩色显像管正常发射的电流应为 0.6 ~ 1mA，如果电流指示在 0.3mA 以下，则表示显像管已经老化。 显像管的老化程度，也可在加灯丝电压的情况下（将显像管管座及高压线拔掉，只给显像管灯丝加上额定的工作电压）通过测量栅极与阴极之间的电阻来判断。用万用表电阻挡（红表笔接阴极，黑表笔接栅极）测量。正常情况下阻值应在 10kΩ 以下。若阻值为数十千欧，就表示显像管发射能力减弱，测得的阻值越大，表明其衰老越严重

测量显像管阴极发射电子的能力
　　先把高压帽取下，并拔下尾板，然后用两根导线将灯丝供电接通，把万用表置于 R×1k 挡位，黑表笔接显像管栅极引脚，红表笔接显像管的一个阴极引脚，测量栅—阴极之间的电阻
　　若测得阻值在10kΩ以下，表明引脚的发射能力正常；若测得阻值在数十千欧以上，表明显像管已经衰老，但还可以使用；若测得阻值大于200kΩ，则说明显像管已失效。以上检测，三个阴极要分别测量。若三个阴极与栅极之间的阻值相差较大，会出现偏色故障

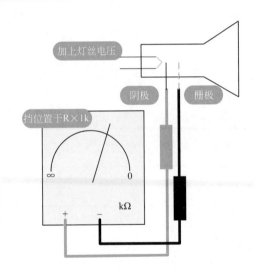

▶ 4.6.3　实战 29——单基色光栅和补色光栅故障的分析与判断

① 单基色光栅故障的分析与判断

单基色光栅故障的分析与判断	
单基色光栅现象	开机后，屏幕上出现全红（或全绿、全蓝）光栅，光栅的亮度可能很亮且亮度失控，或光栅亮度不高且亮度控制正常

续表

单基色光栅故障的分析与判断	
故障分析	彩色电视机是以传送红、绿、蓝三基色的方法来传送彩色图像的，因此在彩色电视机的基色矩阵中（尾板），需三路分别将三个色差信号与亮度信号经矩阵变换恢复三个基色信号，激励显像管三个阴极发射电子束而重显彩色图像。当一路损坏使相应的显像管阴极电位降低，或两路损坏使相应的两个阴极电位升高，就会形成单基色光栅的故障 　　由以上分析可知，出现全红光栅的故障原因是：❶红基色管（或厚膜，下同）击穿或绿、蓝两基色管截止；❷红色差信号输出直流电压升高或绿、蓝色差信号输出直流电压降低；❸两路接触不良；❹显像管某一阴极与灯丝漏电或击穿等 　　同理，可推断出全绿、全蓝光栅故障的原因。因此，这类故障出在色度通道输出电路、基色矩阵电路或显像管
故障检修	检修此类故障时，首先用万用表测量显像管三个阴极电压来判断故障部位。如果某一路的电压特别低或特别高，说明这一路有故障 　　其次可拔下显像管管座再作测量，以区分故障部位。若拔下管座后电压正常了，则说明故障出在显像管内部；如果电压仍不正常，则故障出在基色矩阵电路 　　再次到相应基色的一路中，用万用表作电阻测量来寻找击穿（短路）或开路的故障元件 　　由于这类故障的范围较为明确，所以经仔细观察、确认故障现象后，可直接到红色（或绿、蓝）一路中去找故障元件。一般规律是本色（出故障的这种颜色）一路有故障（多为短路性故障），或其他两色的两路有故障（多为开路性故障）；前者光栅很亮并伴随亮度失控，后者光栅亮度正常且亮度不失控（因为这时只有一路正常工作）
🔔	如果机内设有束电流过流保护电路，则会引起屏幕上出现单色光栅后而自行消失的故障现象

② 补色光栅故障的分析与判断

补色光栅故障的分析与判断	
什么是补色	根据相加混色原理，凡是两色相加能获得白色的颜色互为补色。因此青、紫、黄三色分别是红、绿、蓝三基色的补色。而补色又是分别由两个基色相加得到的。基色与补色的关系如下图所示
补色故障现象	在彩色电视机中，三个基色是用基色矩阵电路获得负极性的基色信号，经激励三极管三色荧光粉发光而得到的。由于人眼分辨力有限，所以我们看的是白色。如果在恢复彩色的信号处理电路中丢失了一种基色信号，屏幕上就会出现补色。在没有接收电视节目时，如果三束电子中某束截止，则屏幕上的光栅就只有两色合成，必然会出现补色光栅 　　根据以上分析，此故障出在基色矩阵电路或显像管电路之中。当基色矩阵电路中红基色电路开路或红电子枪损坏不能发射，就会出现青色光栅；同理，若绿、蓝基色电路开路或绿、蓝电子枪损坏，屏幕上就会出现紫、黄色光栅
故障检修	检修此故障时，首先用电压法检测，如果发现显像管某一阴极电压特别高，另两个阴极电压正常；或某一基色输出管基极（或厚膜）电压特别低，另两管基极电压正常等，就说明电压异常的这一路有故障 　　如果在检修中发现显像管两阴极电压正常，而另一个阴极电压低且不稳定，拔下显像管管座时电压又变为0V，则说明该阴极这一路已开路。接着用电阻法检查，就可发现开路的元件

续表

补色光栅故障的分析与判断	
故障检修	为了判断故障部位,可通过插拔尾板来判断。若拔下尾板后电压、电阻值正常,插上后不正常,则故障出在显像管电路;若拔下尾板后,电压、电阻值仍不变,则故障出在基色矩阵电路 　　检修实践表明,只要基色矩阵电路中有一路开路,就会形成补色光栅故障。由于开路,所以调节色调和亮度控制时,色调是不变的

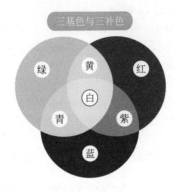

第5章

故障分析与维修

5.1 故障检修的步骤与顺序

5.1.1 故障检修的步骤

故障检修的步骤：命、缩、定、查、修、复六大步	
❶ 命→命名：给故障现象起一个专业名称	当接到一台待修的故障机时，首先要通过使用者了解情况，细心询问故障现象、发生的时间、使用的环境、出现的频繁次数及是否修过等，暂时给故障现象起一个"乳名"；其次再进行观测，观测时应遵循先外而后内，先不通电而后通电的原则，即先看外观各种操作按键、开关指示灯、输入插口、电源插头等，而后再打开后壳看内部，保险管是否烧坏？元器件是否烧焦、炸裂等；最后通电（在确认无短路的情况下）观测，是否是使用者所描述的故障现象。去伪存真，就是说防止使用者因操作不当而造成的假象，确认故障现象后，确切地给故障起个"真名"，如无光栅、无伴音、行场不同步、无彩色、不存台等。这样便于后面维修、查找有关资料及疑难故障时同事之间的交流
❷ 缩→缩小：把故障发生的范围缩小到某个系统，甚至某个单元电路	通过对故障现象的细心观测，下一步应进入思考分析阶段，认真地研究故障机的原理图，整机的各系统结构，各系统、各单元电路的供电方式和信号流程。然后，把故障现象和本机的电路原理图相结合，大致判断出故障的范围。如无彩色，则可判断为解码电路不工作；水平一条亮线，则为场扫描电路有问题

故障检修的步骤：命、缩、定、查、修、复六大步	
❸ 定→确定：确定故障部位	上述的两个步骤基本上是分析而来的，当判断出故障的范围后，接下来需要动手检查，检查方法除了直观观察法外，必须借助仪表、仪器对故障部位进行确定。测量、判断、分析，如此反复循环进行，通过检测进一步缩小故障范围，确定故障部位
❹ 查→查找：查找故障元器件	当故障被缩小到某一单元电路时，应进一步查找故障元器件。遵循原则为：先查直流通路，后查交流通路。应熟悉彩电各晶体管或集成电路的正常工作电压，对特殊部分的电压数值应着重记忆，对其静态（无信号输入时）故障电压及动态（有信号输入时）工作电压的正常变化范围也应清楚。通过学习各种方法的测量、替换等方式，查找出故障元器件
❺ 修→维修：维修元器件或电路	当排查出故障元器件后，就应进行修理或更换元器件。对于可修复的元器件，应修复处理；不能修复的元器件应更换。更换元器件时最好采用原型号；若没有原型号时，就要考虑用参数和规格相近的代换件替代。对于部分单元电路的线路板大面积损坏难以修复时，应考虑单元电路整体代换
❻ 复→复查：老化后重现复查	当故障经过修复后，不要急于把彩电交付用户使用，应通电开机老化电视机。经过一段时间的老化，再复查维修的电路，摸元器件的温升，测故障电压正常与否以及有关电路的关键点电压是否正常。防止所替换的元器件和"带病伤"的隐蔽性元器件有质量问题，使故障没有达到彻底性的排除

5.1.2 故障检修的顺序

故障检修的一般顺序	
一台彩电基本上由超级芯片电路（包括遥控电路）、电源电路、扫描电路、公共通道、解码电路和伴音电路六大部分组成。同一故障现象，所损坏的元器件不一定相同，在维修过程中如何入手	
一修电源故障	电源电路是彩电整机各单元电路的能源供给，是各元器件正常工作的可靠保证，因此，检修彩电时应首先检查电源电路。电源电路包括两大部分，即开关主电源电路和行扫描提供的逆程脉冲电源。在维修时，一般是先修开关主电源，次修脉冲电源。主要应检查输出的电压是否正常与稳定。对于电源部分的各个单元电路，一般检修的顺序为从前级向后级，即先修交流输入电路、整流滤波电路，再修开关电路、稳压电路，最后修脉冲变压器次级后的电路
二修超级芯片及遥控电路	超级芯片及遥控电路是整机的控制指挥中心，各种操作指令都是由它发出，由接口电路送入被控电路。超级芯片电路发生故障，整机将处于瘫痪状态或不受控状态，致使整机或部分电路不能正常工作。对于超级芯片电路检修的顺序为：先检修其工作条件，再检修其总线故障，后检查指令输入、输出电路、接口电路、电平变换电路及受控电路
三修光栅故障	光栅是图像显示的基础，没有光栅，即使公共通道（图像信号）完全正常也不能显示图像。在电源电路和超级芯片电路正常的情况下，第三步应检修光栅扫描电路故障。对于光栅电路的各个单元电路的检修顺序为：先检修行扫描电路，再检修显像管及附属电路，最后检修场扫描电路。遵循的原则是：先让显像管发光，继而看光栅的幅度，最后看光栅的质量
四修图像及同步电路	图像是电视机要完成的最大任务之一，也是最终目标之一。因此，电视机的光栅正常之后才能进一步检修图像电路及同步电路。先维修图像电路，再维修同步电路

续表

故障检修的一般顺序	
五修彩色 电路故障	彩色电路主要是指彩色解码器电路，这部分电路主要包括两大部分：超级芯片部分和矩阵电路部分
六修伴音 电路故障	检修伴者电路的各个单元电路的顺序为：采用波形法应从前级向后级检修；采用干扰法（解除静躁情况下）一般遵循的原则是从后向前级检修

以上所述的检修顺序，只是一个普遍规律。对于一台有故障的彩电来说，故障现象是千奇百怪的，即使同一个元器件，也因机型、电路形式的不同，而呈现出不同的故障现象，因此，在运用时，要灵活变通，通过对故障现象的认真分析、推断，从逻辑程序检修方法入手，运用仪器、仪表等测量工具作为判断依据，最终又快又好地完成检修任务

5.2 各系统电路的故障特点及分类

5.2.1 各系统电路的故障特点

图像信号电路的故障特点	（1）故障特点 ❶ 彩电的图像信号电路由公共通道和解码器组成。因此，图像故障既可能出在公共通道，也可能出在解码器。分析故障时应根据附加的故障现象注意区分。图像信号电路的第一个故障特点是不仅要影响图像、色彩，而且要影响伴音 ❷ 高频头有故障总是表现为收不到或收不好图像和伴音。根据各频道接收的情况，可以判断是否是高频头出现故障。例如某个频段收不到图像和伴音，就应先检查高频头是否损坏 ❸ 图像信号电路（除亮度通道外）有故障不影响光栅，因此光栅正常也可算作其特点之一
	（2）故障现象 图像信号电路的故障现象经常表现为：无图无声、无图有声、某频段或某些频道无图像、跳台、图像淡薄、图像不清晰或失真、无彩色或彩色畸变、行场不同步等
	（3）检修方法 图像信号电路由多种电路组成，要判断故障部位可采用以下方法： ❶ 观察光栅上有无杂波点。有杂波点故障出在高频头，无杂波点说明中放有故障 ❷ 用干扰法检查。用螺丝刀或万用表表笔触击预中放管的基极，若屏幕上的光栅闪烁或出现杂波点，扬声器中有杂声，说明中频、视频系统及解码系统正常，反之，这部分电路有故障 ❸ 用电压法主要检查超级芯片的如下有关元件：高频头 U/V 频段切换控制端、AV/TV 切换控制端、图像静噪控制端、高频头接收控制端、高频头频段 H/L 转换控制端、AFC（自动频率控制）控制端、音频信号输出端、视频信号输出端、AV 视频信号输出端、制式切换控制端、调谐电压输出端、图像中频锁相环滤波端、中放 AGC（自动增益控制）滤波端、中频信号输入端、高放 AGC（自动增益控制）电压输出端、同步（电台识别）信号输入端等

续表

光栅形成电路的故障特点	（1）故障特点 ❶ 彩电光栅形成电路由行、场扫描（包括枕校、高中低压整流电路），显像管及其附属电路组成，能在显像管屏幕上形成均匀明亮的光栅。因此它的故障总是以光栅的缺陷展示在人们面前，这给判断故障带来方便。但应注意，在扫描电路为伴音通道提供电源或扫描电路为解码电路提供消隐时，扫描电路的故障也会影响到伴音和图像或彩色 ❷ 光栅形成电路的故障可能由场、行扫描，显像管及显像管附属电路三部分的故障形成。检修时，可根据光栅质量或受损坏程度及伴音情况来判断故障发生在何部位。一般来说，场扫描电路有故障，光栅呈一条水平亮线或黑屏（原因是没有沙堡脉冲形成）；行扫描电路有故障造成无光栅（或同时无伴音）；显像管及附属电路有故障会引起无光栅或光栅不良（有失真现象） ❸ 光栅形成电路（特别是行扫描电路）工作在高电压、大电流、大功率状态下，所以故障率最高。遇到无光栅故障时，首先应检查行扫描电路 ❹ 超级芯片的彩电中一般都设计有阳极电压过高保护、过流和 X 射线保护电路，一旦电路故障使显像管高压过高或束电流过大时，保护电路就动作，使超级芯片无行激励脉冲输出，致使行输出电路停止工作，也会组成无光栅的故障。因此，在检修无光栅时，要注意检查保护电路是否动作，这样可以使维修少走弯路 ❺ 显像管特性好坏对图像质量有较大影响。其各极必须加上额定的电压才能正常工作。因此这部分的故障既可能是显像管本身性能不佳，也可能是供电电路有问题
	（2）常见故障现象 光栅形成电路常见的故障现象有：无光栅、光栅暗淡、光栅过亮、垂直一条亮线、水平一条亮线、几何失真、聚焦不良、有干扰信号叠加等，伴随出现的故障现象有无图或无伴音
	（3）检查方法 ❶ 电压法检查超级芯片。对超级芯片（除了工作条件外）主要应检查的引脚有：行激励脉冲输出、行鉴相滤波、行逆程脉冲输入或沙堡脉冲输出、场激励输出、场锯齿波形成、黑电平检测及滤波、RGB 视频输出等 ❷ 电压法检查行激励、输出，行激励管基极电压正常值小于 0.5V，行输出管基极电压正常值为负值。检测行输出变压器的高、中、低压，可以发现行扫描的故障；测量显像管各极电压，可以判断显像管及附属电路的故障 ❸ 检查场扫描电路故障宜用信号注入法。当用万用表表笔触及场输出电路输入端时，如果水平亮线展宽或光栅闪烁，则说明故障出在前级，否则，表明场输出电路有故障 ❹ 行扫描电路故障宜通过测量低压是否正常来判断。在电路正常工作情况下，行输出变压器输出的行逆程脉冲经整流、滤波后的电压应准确，若无电压或电压值过高、过低均表示行扫描电路有故障。对于行输出变压器的故障可以采用摸温法来判断，关机后手摸行输出变压器，正常情况下应有点微热；如果出现过热现象，就表明其内部出在局部短路 ❺ 检测显像管及附属电路故障时，首先应观察灯丝是否正常点亮，然后检测各管脚上是否已加上电压及变化范围是否正常。若调节聚焦、加速极、亮度，显像管的聚焦、加速极、阴栅极电压不变，就表明供电电路或管座有故障 ❻ 在电压测量时，如果发现扫描电路不工作，应检查保护电路是否已动作，必要时可暂时断开保护电路，以迅速查明故障原因

续表

电源供给电路故障特点	（1）故障特点 ❶ 彩色电视机各个部分都要在合适的电源供给下才能正常工作，因此电源出了故障对整机各个部分都有影响，同时要影响由行扫描电路形成的二次供电电源 ❷ 电源电路的故障总是与"全无"现象联系在一起，因开关电源的形式和故障部位不同。有时烧保险管（整流管、开关管、滤波电容或热敏电阻击穿等），有时不烧保险管（开关电源的启动、反馈、稳压电路和开关变压器的次级有故障） ❸ 电源的质量与光栅、图像、彩色、伴音质量密切相关，而且还影响其稳定性
	（2）故障现象与原因 电源供给电路常见的故障现象有：全无、光栅 S 形扭曲、光栅幅度增大或缩小、光栅上有色块色斑、光栅上有黑横条干扰、光栅和伴音时有时无、开关变压器发出叫声等 主要故障原因如下： ❶ 电源存在短路性故障，如整流管或整流桥、开关管或厚膜电路击穿，滤波电容严重漏电或击穿，消磁线圈对地电路、负载短路，输出端过压保护管短路等，这时不仅电源无输出而且会烧保险管 ❷ 电源出现开路性故障，如电源开关接触不良，保险管已熔断，启动电阻开路，整流管、开关管或厚膜、驱动管、误差放大管开路，开关变压器及取样电路开路等 ❸ 因元件损坏使控制电路失控、保护电路失效，在这种情况下会造成输出电压偏高的故障。控制电路元件变质也会使输出电压偏高或偏低，导致光栅幅度增大或减小 ❹ 滤波电容干枯失效，致使输出电压不稳、纹波太大 ❺ 输出电压调整电位器接触不良或电路存在虚焊
	（3）检修方法 ❶ 将电源与负载断开分别检查。由于电源对整机各部分都有影响，而其他部分（特别是行扫描电路）有毛病也会引起电源出故障，因此检修时应首先断开负载，必要时还需要断开行输出变压器至开关电源的耦合电容或电阻。测电源部分的输出电压和输出电阻可发现电压的故障，测负载部分的电阻可发现有无短路故障 ❷ 接上假负载检查开关电源。因为开关变压器脱开负载后，开关变压器的初级反峰电压增高，更容易将开关管击穿，所以接假负载实际上是一种安全措施。接上合适的假负载后，还能在满载的情况下将稳压电源的性能调至最佳 ❸ 测电源进线电阻，可发现交流电路部分的故障。拔下消磁线圈插头，用万用表测量有关元件或端脚的电阻，就能发现开路或短路元件 ❹ 用万用表测整流电源、各管工作电压以及各输出端电压，与正常值进行比较就能发现故障元件。应指出的是，在并联开关电源中，由于开关变压器的隔离，开关电源电路的地线与负载端的地线是分开的，测量时应找到相应的公共点作为地线 发现电压有故障，可关机拔下电源插头，然后用手摸整流管、开关管、开关变压器、滤波电容等元件，凡是过热或过冷的元件，都可能有故障
伴音通道故障特点	（1）故障特点 ❶ 伴音方面的故障不只是出在伴音通道，也可能是公共通道的毛病引起的 ❷ 伴音信号电路的故障可以通过试听扬声器重放时声音的质量来判断。正常情况下扬声器发出的声音应音量洪亮，音质优美。否则就说明伴音系统存在故障 ❸ 静噪电路也是造成无伴音故障的原因之一。静噪电路发生故障时，就会使伴音低频信号被截止或旁路，而形成无声音的故障

伴音通道故障特点	（2）故障现象与原因 伴音信号电路的常见故障现象有：有图像无伴音、伴音轻、伴音失真、伴音时有时无、音量失控、有交流哼声、一个声道有声音而另一个声道没有声音等 故障原因有以下几种： ❶ I²C 总线数据不正常 ❷ 常见芯片内部的伴音中放、鉴频电路损坏或其外围元件有损坏 ❸ 伴音功放电路损坏 ❹ 伴音通道受阻，外接的带通滤波器或陷波器损坏 ❺ 静噪电路损坏
	（3）检修方法 ❶ 干扰法。通常触及伴音低放输入端，听扬声器的噪声 ❷ 测量伴音功放厚膜的各引脚电压、对地电阻，与正常值进行比较，对电压差较大的管脚的外接元件应逐一检查，以判断故障是出在 IC 内部还是外部 ❸ 测量静噪电路是否起控或损坏 ❹ 进入总线状态，进行调整 ❺ 检查超级芯片与之有关的引脚电压。主要有：调频信号输出端、音频信号检测输入端、静音控制端、伴音制式切换控制端、音频信号输出端、音量控制输出端、第二伴音中频信号输出端、第二伴音中频信号输入端、伴音中频直流负反馈滤波端、鉴频电路稳压滤波端、音频信号去加重控制端等

▶ 5.2.2 主要故障的分类

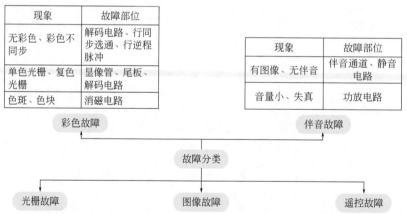

5.3 实战 30——初步利用方框图判断故障部位

故障现象	无光栅、无伴音、无字符、指示灯不亮（全无）
故障分析	正常良好的光栅是形成图像的基础，没有光栅，即使图像电路完好，也无法显像。在超级芯片彩电中，光栅故障可能产生的单元电路有：超级芯片、遥控电路、电源、扫描、显像管及附属电路、亮度通道和基色矩阵电路等 　　超级芯片彩电出现"全无"，造成这一故障的原因有以下几方面：一是超级芯片或待机控制电路有故障；二是开关电源电路有故障；三是开关电源负载电路，特别是行扫描电路有故障；四是保护电路动作或损坏。对于"三无"故障，首先要清楚彩电伴音电路的供电方式，即是由行输出电路供电还是由开关电源电路供给。这样，有助于缩小检修故障的电路范围。若伴音电路直流电压由行输出电路供电，则说明行扫描电路工作可能不正常。此时，主要是检查行扫描电路和电源电路。若伴音电路直流工作电压由开关电源供电，则要检查开关电源电路

故障现象	无光栅、无伴音、无字符、指示灯亮（三无）
故障分析	指示灯亮说明电源电路基本正常，故障在待机控制电路或超级芯片、存储器等 　　用遥控器或本机按键开机，若超级芯片开机 / 待机引脚电压有变化，故障在其后级电路；若无变化，主要检查超级芯片和存储器

故障现象	有光栅、无图像、无伴音
故障分析	有光栅，说明电源电路、超级芯片工作条件、行场扫描电路、显像管及附属电路正常。无图像说明公共通道、视放、解码电路、超级芯片有问题。无伴音说明公共通道、伴音通道、静噪电路、超级芯片有问题 　　无图像、无伴音同时出现，故障的最大可能在公共通道、AV/TV 切换电路、超级芯片的有关引脚（频段切换、选台电路等）；同时，也不排除视放和伴音通道同时损坏的可能性

故障现象	有图像、无伴音
故障分析	有图像说明故障范围较小，故障发生的部位应在伴音通道、AV/TV 切换电路、静噪控制电路及超级芯片的有关引脚电路等

故障现象	无光栅、有伴音
故障分析	有伴音说明电源电路基本正常；若伴音低放的供电是行输出级供电，则行扫描电路也基本正常；超级芯片的工作条件也基本具备 　　无光栅最可能出故障的部位是：行扫描电路（伴音低放供电由开关电源供给）、显像管及附属电路、超级芯片的有关引脚电路等

故障现象	有光栅、有伴音、无图像
故障分析	有光栅、有伴音，说明超级芯片工作条件基本具备，电源电路、显像管及附属电路、公共通道基本正常 故障部位可能在解码电路、AV/TV 切换电路、超级芯片有关引脚电路等

故障现象	水平一条亮线
故障分析	水平一条亮线说明电源、显像管、视放、行扫描电路基本正常 该故障现象说明场扫描电路工作不正常

故障现象	水平一条亮带
故障分析	该故障现象说明行扫描电路工作正常，而场扫描电路不正常（场幅度窄），可能性最大的故障部位在场激励或场输出级

故障现象	屏幕中心只有一个亮点
故障分析	有一个亮点，说明显像管及附属电路正常；场扫描电路不正常；行扫描电路的行输出级之前电路也基本正常（若不正常就不会有高、中压，没有高、中压显像管就不会点亮一个亮点），只能是行、场偏转线圈支路有断路性故障

故障现象	无彩色
故障分析	在接收彩色节目时，画面上只有黑白图像而无彩色，故障发生的原因可能为超级芯片的色度通道电路损坏或制式切换电路损坏

故障现象	画面缺基色偏补色
故障分析	接收彩色图像时，屏幕上重现的彩色图像颜色单调，缺少鲜艳逼真的特征。接收标准彩条时，画面缺红色（绿色或蓝色），偏青色（紫色或黄色）。如将饱和度关至最小，黑白图像也不正常。造成这种故障现象有两种可能：显像管某一枪损坏，不能发射电子束，使某一种荧光粉不能发光，造成某一基色丢失；基色矩阵电路损坏

5.4　I²C 总线的调整

▶ 5.4.1　I²C 总线彩电的维修要点

① I²C 总线彩电的维修要点

❶ 正确区分软硬件故障	在 I²C 总线彩电中都有一个存有重要信息的 E²PROM（电可擦写只读存储器），若其数据发生错误（如用户误调、打火引起的紊乱等）就会造成电视机出现千奇百怪的故障现象，我们称之为软件故障。软件故障与硬件故障极易混淆，正确的区分方法是结合故障现象，分析故障可能存在于哪个电路，然后进入 I²C 总线维修状态，找到 E²PROM 中存在的相关数据看其是否正确。若错误，则进行调整；若正确则可排除软件故障，进行常规维修即可
❷ 不要盲目换元器件，特别是 E²PROM	在 I²C 总线彩电中，E²PROM 所存储的数据不仅有节目预选数据（频段和调谐电压）、音量、亮度、对比度、色度等一些模拟量数据，还有各被控电路的调整数据及电路状态。在电视机每次开机时，CPU 都要从 E²PROM 存储器中调出这些数据，然后通过 I²C 总线送往各被控电路。因此，若 E²PROM 发生故障，其现象也可能有违常理。若非换不可，在考虑更换新的存储器之前，应先进入维修调整状态，看是否能调出原存储器中的数据。若能，将所有数据记录下来备用。在更换新的存储器后，也应进入维修调整状态，将记录下来的数据重新写入新更换的 E²PROM 中
❸ 要有充分的资料准备，深刻了解机器的工作原理	不能从侥幸的心理出发，直接去试换超级芯片 IC。超级芯片 IC 的引脚一般较多，由于个人焊接工艺、工具及水平的限制，盲目地怀疑、拆换，极易造成机器的不可修复。修理人员要特别注意
❹ 进入维修调整状态的方法	不同厂家的机器进入维修调整状态的方法也不一样，有时甚至相同厂家不同型号的机器进入维修调整状态的方法都不一样，有些机器还设有密码，因此需要通过多积累经验和资料
❺ 总线正常与异常的判断	在超级芯片彩电中，只要电视机有光栅或即使无光栅、无伴音，但能用遥控器或本机键开机，均可判定超级芯片的 I²C 总线接口电路工作正常，且有正常的总线信号输出 什么情况下可判定 I²C 总线异常呢？一般来讲，只有在电视机出现无光栅、无伴音故障，检查超级芯片供电电源正常和 CPU 的三个工作条件（电源供电、时钟振荡、复位）均良好的情况下，用遥控器或本机按键开机，超级芯片输出的开机/待机控制电压无变化时，才能认为 I²C 总线存在异常可能
❻ 哪些工作现象可能与 I²C 总线软件有关	无光栅、无伴音，待机指示灯点亮，用遥控器或本机按键开机，超级芯片开/待机引脚电压无变化，查超级芯片中微处理器部分供电引脚电压正常，时钟振荡电路振荡正常，更换存储器和超级芯片后故障依旧，可能为存储器数据丢失或超级芯片程序不正常所致。一般来讲，需要更换写有数据的存储器或原型超级芯片才能排除故障 电视机有光栅、伴音均正常，光栅东西方向上出现几何失真，查东西方向几何失真校正电路无故障，通常为几何失真校正数据保护所致。解决方法通常是进入维修模式，修改几何失真校正数据 光栅偏色，查尾板视放电路、显像管、超级芯片无故障，通常为光栅白平衡数据保护所致。要排除故障，需要进入维修模式，重新调整白平衡数据 电视机有正常图像和伴音，但某些功能与原机不符、或无图像、或伴音失控、或无伴音，更换超级芯片和相关集成电路（如音频信号处理集成电路、梳状滤波器、视频切换集成电路等）不能解决问题，多为总线预置数据中的模式选项数据设置不当所致。要解决问题，需要对总线数据中的模式选择进行调整，使其与原机一致

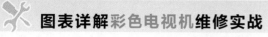

② I²C 总线彩电的调整步骤

序号	调整内容	操作说明
1	进入维修模式	输入相应密码使电视机进入维修模式
2	选择调整项目	操作遥控器上的约定键，选择调整项目，直到找到自己所需的调整项目为止。目前，大部分机子采用"频道 +/−"键来选择调整项目，少数机子采用其他约定键来选择调整项目
3	调整控制数据	按遥控器上的约定键，便可增大或减小控制数据，直到满意为止。大多数机子的数据调整约定键为"音量 +/−"键，少数机子为其他键
4	保存调整后的控制数据	对某一项目调整完毕后，必须将新数据存入存储器中，以便下次开机后电视机能使用新数据；不同的机型，其保存数据的方法不一定相同，大多数机子采用退出保存法，只需退出维修模式，回到正常状态，即可将数据保存下来；也有的机子采用约定键保存法，只需操作约定键，便可将新数据保存下来
5	退出维修模式	调整完毕后，必须退出维修模式。不同的机型，其退出维修模式的方法不一定相同，大多数机子采用的是遥控关机退出维修模式，也有的采用操作约定键或开关来退出维修模式
6	🔔	在调整的过程中要注意两点：一是调整前，要记下原始数据，以便调整失败后能够复原；二是不要轻易改变模式数据，以防丢失功能或出现意想不到的后果

► 5.4.2 海尔 OM8370 系列机芯总线调整

① 工厂调试操作方法

正常开机后，依次按遥控器"静音、屏显、-/--、屏显、静音"组合键进入工厂菜单。

按数字 0～7 键在维修菜单中快速选择；

按 P+/−（CH+/−）键选择调整项目；

按 VOL+/− 键调整当前项目的大小；

按 MUTE 键，静音 / 不静音切换；

按屏显退出键退出工厂菜单。

② 总线调试菜单项目（共 8 个菜单）

1）维修菜单 0：加速极电压调整。按数字键 0 加速极电压调整。

2）维修菜单 1：几何失真项目。按数字键 1 进入几何失真项目调整。如下表所示。

项目	内容	调整范围	备注
5PAR/6PAR	四角校正	0～63	
5BOW/6BOW	弓形校正	0～63	
5HSH/6HSH	行中心校正	0～63	
5EWW/6EWW	行宽校正	0～63	几何失真校正将根据当前识别的 50/60 制式自动分类
5EWP/6 EWP	枕形失真校正	0～63	
5UCR/6 UCR	上角校正	0～63	
5LCR/6 LCR	下角校正	0～63	

3）维修菜单 2：几何失真。按数字键 2 进入几何失真调整。如下表所示。

项目	内容	调整范围	缺省值	备注
5EWT/6 EWT	梯形校正	0～63	—	
5VSL/6 VSL	场斜度校正	0～63	—	
5VAM/6 VAM	场幅度校正	0～63	—	S 校正根据显像管的曲率调整，同类型的显像管具有相同的 S 校正值。几何失真校正将根据当前识别的 50/60 制式自动分类
5SCL/6 SCL	场 S 校正	0～63	—	
5VSH/6 VSH	场中心校正	0～63	—	
5VOF/6 VOF	OSD 校正	0～63	39	
UOF	OSD 校正	—	25	
VX	垂直缩放	0～63	25	

4）维修菜单 3：图像调整。按数字键 3 进入图像调整。如下表所示。

项目	内容	调整范围	缺省值	备注
RED	色温（红）	0～63	32	
GRN	色温（绿）	0～63	32	
WPR	白平衡红	0～63	—	
WPG	白平衡绿	0～63	—	白平衡：对显像管充分消磁，固定 R 激励，调整 B、G 激励
WPB	白平衡蓝	0～63	—	
YDFP	亮度延迟 PAL	0～15	7	
YDFN	亮度延迟 NTSC	—	—	
YDAV	亮度延迟 AV	—	—	

5）维修菜单 4：音量及中频、增益等调整。按数字键 4 进入音量及中频、增益等调整。如下表所示。

项目	内容	调整范围	缺省值	备注
TOP	AGC 起控点	0～63	—	—
VOL	UOC 音量输出	0～63	44	不可调项

项目	内容	调整范围	缺省值	备注
9874	TDA9874 增益控制	0～30	26	不可调项
AVLT	自动音量限制	0～3	1	不可调项
9860	TDA9860 副音量控制	0～100	59	不可调项
IFFS	中频	0～7	3	不可调项
HDOL	阴极电压	0～15	5	不可调项
AGC	AGC 速度	0～3	1	不可调项
VG2B	VG2 亮度	0～100	42	不可调项

6）维修菜单 5：图像模式模拟量。按数字键 5 进入图像模式模拟量调整。如下表所示。

项目	内容	调整范围	缺省值	备注
0CON	遥控听模式对比度	0～100	0	不可调项
0BRI	遥控听模式亮度	0～100	0	不可调项
0COL	遥控听模式彩色	0～100	50	不可调项
0SHP	遥控听模式清晰度	0～100	50	不可调项
1CON	柔和模式对比度	0～100	45	不可调项
1BRI	柔和模式亮度	0～100	45	不可调项
1COL	柔和模式彩色	0～100	50	不可调项
1SHP	柔和模式清晰度	0～100	50	不可调项

7）维修菜单 6：图像模式模拟量。按数字键 6 进入图像模式模拟量调整。如下表所示。

项目	内容	调整范围	缺省值	备注
2CON	标准模式对比度	0～100	65	不可调项
2BR1	标准模式亮度	0～100	50	不可调项
2COL	标准模式彩色	0～100	70	不可调项
2SHP	标准模式清晰度	0～100	70	不可调项
3CON	艳丽模式对比度	0～100	80	不可调项
3BRI	艳丽模式亮度	0～100	50	不可调项
3COL	艳丽模式彩色	0～100	70	不可调项
3SHP	艳丽模式清晰度	0～100	70	不可调项

8）维修菜单 7：图像模式模拟量。按数字键 7 进入图像模式模拟量调整。如下表所示。

项目	内容	调整范围	缺省值	备注
OPTION1	功能选择	0～255	43	不可调项
OPTION2	功能选择	0～255	47	不可调项

续表

项目	内容	调整范围	缺省值	备注
OPTION3	功能选择	0～255	67	不可调项
OPTION4	功能选择	0～255	15	不可调项
OPTION5	功能选择	0～255	15	不可调项

5.4.3 实战 31——总线调整维修实例

故障现象	无彩色、无伴音，但雪花较大、噪声大
维修机型	长虹 SF2111 机型
故障分析	根据故障现象判断，高频电路和预中放电路存在故障可能性较大
检修方法和步骤	❶ 测量高频头各端口电压，发现高放 AGC 只有 1.1V 左右且不变化，正常值为 4V 左右且变化。检查外围其他元件，没有发现异常 ❷ 怀疑总线数据有问题。进入维修模式，发现 AGC 项目为"3F"，将其调整为"1B"，故障排除

故障现象	反复拉幕、场幅也增大
维修机型	海尔 25TA1 8-P 机型，超级芯片采用的是 OM8373
故障分析	用户说是小孩玩耍遥控器后出现了该故障，显然是数据调乱了，要重新恢复或调整数据
检修方法和步骤	❶ 进入总线状态后，按遥控器数字键"8"，屏幕显示"INIT"字符，按 V+ 确认后，等待一会就完成了 CPU 对存储器的初始化操作 ❷ 退出调整状态后，试机故障排除

故障现象	图像不太清晰，光栅雪花点较大
维修机型	长虹 SF2111 机型，超级芯片采用的是 OM8370
故障分析	故障可能在存储器、超级芯片、公共通道等
检修方法和步骤	❶ 检查高频头引脚的工作电压，发现 AGC（自动增益控制）的直流电压在 1.6V 左右（正常值为 4.0V），异常 ❷ 检查 AGC 引脚的外围元件，没有发现异常。怀疑软件有问题 ❸ 进入维修模式，AGC 的数据为十六进制"30"（十进制为 48），将其下调到十六进制"1B"（十进制 27），图像显示就清晰了，故障排除

故障现象	开机或转换频道时噪声大
维修机型	长虹 SF2987DV 机型，超级芯片采用的是 TDA9373
故障分析	故障可能在超级芯片、伴音电路等

检修方法和步骤	❶ 检查超级芯片及伴音处理电路未发现问题，怀疑总线数据发生了变化。 ❷ 进入维修模式，对总线进行调整，但调整出 OP2 参数时就自动关机。查资料可知：OP2 中的 bit6 位 XDT 是 X 射线功能启动地址位，bit6 为"1"时启动 X 射线，为"0"则关闭 X 射线。现在强制关闭 X 射线功能仍出现关机，表明超级芯片本身损坏。 ❸ 更换掩膜芯片 CH05T1615，再将功能预置参数 OP1(7A)、OP2(E3)、OP3(F6)、OP4(53)、OP5(58) 恢复为出厂时数据，故障排除

故障现象	无最小音量
维修机型	长虹 SF2111 机型，超级芯片采用的是 TDA9370
故障分析	故障可能在音量控制键或输入电路、超级芯片、存储器等。根据用户反映，机内有打火现象，因此，怀疑存储器因打火冲击而数据发生了改变
检修方法和步骤	❶ 调节音量加 / 减按键，使音量调到最小，结果在音量指示条处于"1"时仍然能够听到声音，只有"0"时才彻底无声音 ❷ 进入维修模式，看到的是"音量00"项的参考数据为"00"，将其调到"25"，音量指示条到"4"时，基本满足最小音量

故障现象	伴音失控，场幅度缩小
维修机型	长虹 PF25118 机型
故障分析	同时出现了两个互不相关的故障，可能与总线数据有关，因此应先进入总线调整状态调整
检修方法和步骤	❶ 将场幅度、伴音数据调整后，电视机恢复正常。同时，判断存储器性能不良，将其更换 ❷ 用户使用几天后又出现相同故障，怀疑机内有打火现象，用两只 6V 稳压管分别接到存储器的 5 脚、6 脚与地之间，故障消失
总结	由于机内打火，造成数据丢失，加稳压管可将干扰脉冲滤除。如果打火部位较为明显，一定要先排除打火现象，否则机子还会出现返修

5.5 全无故障检修

全无故障现象	指电视机无光栅、无伴音，同时指示灯也不亮。好像没有开机一样
故障原因分析	对于全无故障，指示灯若由开关电源直接供电，则意味着开关电源无电压输出，其原因可能为：一是开关电源本身存在故障，二是开关电源输出端上的负载电路存在严重短路
检修思路	全无故障通常由电源和行扫描工作不正常而引起。断开电源负载，采用带假负载的方法可快速确定是哪一部分故障，然后分别按"电源引起的全无"或"行扫描引起的全无"来检修

▶ 5.5.1 电源引起的全无故障检修思路

① 开关稳压电源各部分电路故障现象

开关稳压电源各部分电路故障现象	
启动电路故障及现象	整机保险完好，直流 300V 正常，主电源 +110V 或 +140V 等无输出
振荡电路故障现象	停振时无直流输出；振荡弱时，输出直流电压低于正常值；振荡强时，输出直流电压高于正常值，可能造成电路开关管击穿或烧保险
反馈电路故障现象	保险完好，直流 300V 正常
取样比较电路故障现象	其输出的误差电压是控制开关管导通时间长短的决定因素，因此取样电路出现故障时，将使开关管的时间失控。导通时间过长会造成输出电压过高，使保护电路动作；导通时间过短，输出电压下降，负载工作异常。在并联开关稳压电路中，过压保护电路动作将使电路停振；在串联开关稳压电源电路中，过压保护稳压管击穿，开关电源仍然振荡。由于无逆程脉冲输出而使开关电源处于自由振荡状态，振荡频率低于行频，开关变压器发出"吱吱"声
脉宽调整电路故障现象	开关电源工作不正常：一是开关电源输出电压高，造成保护电路动作；二是开关电路停振，无电压输出

② 电源引起的全无故障检修思路与方法

电源引起的全无故障检修思路与方法	
维修电源动手顺序	先判断发生故障的部位，是在负载还是在电源部分 初步先测量一下电源电路的主电压是否正常。主电压正常，表明开关电源电路基本上是正常的，再检查其他各输出电压是否正常；主电源不正常时，就需要进一步判断 先将开关电源各输出端断开，再用 60W（14～21in）或 100W（25～34in）的灯泡做假负载。若输出电压正常，则是负载有短路；不正常则是电源本身有问题。若是电源有问题则先检查 300V 是否正常，然后再查启动电路、反馈电路和脉宽调整电路及开关变压器等
并联型电源不烧保险，过压保护电路动作	一般是开关电源的取样电路有问题，原因可能是取样电压输出回路元件有开路、取样滤波电容漏电、取样绕组开路；取样偏置电路电阻短路或下偏电阻开路；调整电位器接触不良或引脚开路以及取样比较电路的晶体管的 β 值不符合要求；脉宽调整电路中的工作电源供电电容漏电或开路等。在此情况下，先把输入电压调低再通电检修，但通电时间不要太长
串联型开关稳压源	先看整流滤波电路、开关管等元件是否损坏，若机内有响声，图像拉丝，伴音正常，则应该是开关电源的逆程脉冲没有加上，或是反馈电路中的电容放电回路有阻塞，使开关电路自由振荡，其频率低于行频，图像拉丝也是由于振荡频率低于行频不同步所造成的高频干扰。主要是行逆程脉冲输入回路中的元件以及 RC 反馈回路中的放电二极管和电阻等。

续表

电源引起的全无故障检修思路与方法	
串联型开关稳压源	首先应断开负载确认是电源部分不正常而引起的故障，然后检修电源。如果保险丝烧毁且发黑严重，则应检查是否有短路故障发生，通常电源开关管、电源厚膜、消磁电阻、整流桥（或整流二极管）和 +300V 滤波电容损坏较为常见。如无明显短路，则检测 +300V 直流是否正常，不正常则检修 +300V 整流滤波电路，正常则检修开关电源。开关电源故障可分为过高（有些机型电源过高会引起保护性全无）、过低、没有输出及输出电压不稳等情况 　　如果输出电压过高，故障应在稳压控制回路，极少数出在电源开关管和开关变压器 　　如果输出电压过低，除稳压控制回路外，还应检查正反馈回路以及负载回路与开关变压器。如电源带假负载时正常，则多为电源负载故障。如果行部分正常，则可检测其他供电负载是否正常 　　没有电压输出则应重点检查启动电路与正反馈支路以及电源开关管，必要时可断开控制支路以确定振荡电路是否正常，不过此时应进行降压检修。除以上所述基本电路外，一些新型电视机电源多采用了较多的保护电路，当这些保护电路和保护性元件不良时，也会引起电源故障，这一点应引起注意 　　电源输出电压不稳定有可能由电源本身引起，也可能由电源负载引起。可采用带假负载的办法来判断是否是电源故障。如确认电源故障，应重点检修稳压控制部分

③ 开关电源部分关键的检测点

开关电源部分关键的检测点	
桥式整流输入的交流电压检测	该关键点电压是一个 220V 左右的交流电。检测该点电压的目的是检测交流输入电压的高低，也可以检测电源抗干扰电路和保险管及电源开关是否正常
整流、滤波输出电压的检测	就是检测开关电源的主滤波电容的两端电压，正常情况下一般为 300V 左右。检测该点的目的是进一步检测电源的整流、滤波电路是否正常，桥式整流器滤波电路的输出电压大约为输入交流电压的 1.2 倍（空载 1.4 倍），据此就能够判断这部分电路有没有故障
振荡器是否起振的检测	开关电源的振动有他励式和自励式的区别，下面分别介绍它们的检测点 　　（1）他励式振荡电路 　　他励式振荡开关电源电路中有专用的振荡芯片产生振动信号送至开关管，开关管和振荡器电路封装到一起就是厚膜集成电路开关电源，它们的工作原理是相同的。判断振荡电路工作是否正常最直接的就是检测振动芯片的引脚电压，检测的关键引脚是振动芯片的启动电源供电引脚、振荡器相关引脚，只有这些引脚电压正常才说明开关电源工作正常。振荡引脚一般为负压 　　（2）自励式振荡电路 　　自励式振荡电路涉及开关变压器、开关管、正反馈回路、启动回路等。要判断开关管有没有工作在开关状态，具体的方法有： 　　❶ 可以通过测量开关管的工作点来判断，处于开关工作状态的三极管，发射极是浅正偏或副偏，集电极电流又不为零 　　❷ 用示波器测量开关管基极的开关脉冲信号，开关管基极有开关脉冲波形，表明开关电源已经起振

续表

开关电源部分关键的检测点	
振荡器是否起振的检测	❸ "DB" 电压检查法。在开关管基极测量到 "DB" 电压，表明开关电源已经起振 不管什么开关电源电路，测量到输出端的任何一组有电压输出，都可以说明开关电源已经起振，与振荡器起振相关的检测电路主要有：启动电路是否提供启动电压；正反馈电路是否正常；保护电路有没有故障，导致误动作；稳压电源电路是否有故障，导致误输出等
开关变压器次级输出端的整流、滤波的检测	通过直接检测各组电源的滤波电容两端的电压，就可以判断这部分电路是否正常，一般来说只要有一组电压正常，所有的输出电压都应该正常。如果出现某一组电源电压不正常，就应该检查该组电源的绕组和整流、滤波元件是否正常；如果正常，那就是这一路电源的负载电路有故障
待机与开机，受控电源电路的检测	彩电都有待机与开机控制模式，该模式对于电源电路来讲主要有以下两种形式：一是除给超级芯片电路供电电压正常外，其他的所有电源电压都下降，下降到电路不能工作的电压，如达不到行扫描起振的最低电压；二是不给部分电路供电，如行扫描电路 待机与开机工作模式切换的检测关键点，应该从超级芯片的电源控制元件开始，经过控制晶体管，到电源切换晶体管的控制关系，检测这些电路的电平转换关系，这部分电路都是工作在开关状态的，三极管要么截止，要么就是饱和导通的，比较好分析与测量
稳压电路的检测	这部分检测就是要根据输出电压变化信息的走向进行，具体的就是调整输出电压调节电位器，测量取样电压的变化，再测量误差放大的输出变化，当然，要保证基准稳压是正的调节，输出电压也随着变化，调节时哪一个环节的电压不变，就是这个部分的电路或前一级电路出现故障

▶ 5.5.2　行扫描引起的全无故障检修思路

行扫描引起的全无故障检修思路	
三种情况	行扫描电路不正常引起的全无故障，通常分为三种情况：一是行部分没有工作；二是行部分工作不正常，引起 X 射线保护，或过压、过流保护以及电流过大时使电源不能正常工作；三是行扫描已经工作，但行扫描辅助电源供电形成电路不良而使整机呈现全无
行部分不工作	如果电源正常而行部分不工作，首先检查行推动管集电极电压是否正常，正常则重点检查行输出部分，通常确定行输出管正常后，检查重点应放在行输出变压器及其外围。如果行推动管集电极电压不正常，首先排除行激励级本身故障，然后检修超级芯片的行激励输出和行振荡电路
保护电路动作	对于保护电路动作所引起的全无，应首先确定是什么保护动作。方法是逐一断开各保护支路予以排除，然后分别检查。对 X 射线保护或过压保护应重点检查行频是否过低和行逆程电容是否变小。对于过流保护或电流过大使电源不能正常工作，应重点检查行输出变压器和其负载电路

行扫描引起的全无故障检修思路	
行扫描辅助电源不良	行部分已经工作而全无的情况则比较简单,主要是检查高压、中压和低压供电电路是否正常、灯丝供电是否正常及显像管是否损坏等。通常把这种情况称为"黑屏"
全无,有冒烟现象或烧坏元件	机内有冒烟和明显烧坏元件,除了元件本身不良以外,一般来说,肯定存在过压或过流现象。检修的重点应首先排除过压或短路现象,然后再做其他检修

5.5.3 屡烧行管原因与维修

屡烧行管原因与维修	
过压击穿	行输出管正常工作时,E、C极将要承受10倍于其工作电源电压的行脉冲电压,所以当开关电源输出高压偏高或行逆程电容虚焊、容量减少都会使行管因工作于过压状态而损坏 由于电源稳压系统出故障,不能稳压,导致+B电压上升。如果+B电压超过10%以上,会产生严重过压击穿行管损坏现象。这时应重点检查取样电路、误差放大器和脉宽控制电路的元件。另外,若电网电压太高,超过了开关电源允许的稳压值范围,也会造成开关电源输出电压偏高
过流烧坏	当行输出变压器、行偏转线圈有短路故障时,行管的电流将会迅速增大,从而使行输出管过载而烧坏 行偏转线圈或行输出变压器发热后,因漆包线的绝缘性能下降而产生局部短路,如果保护电路性能不佳,则会引起行管损坏。这时可用同型号正常机器相比较,通过测量行输出级电流来判断。如果开机瞬间就烧坏行管,此时用手摸散热片的温度较高,则说明是行偏转线圈或行输出变压器有短路,引起行管过流击穿
行频偏低	行输出管的负载(行偏转线圈和行输出变压器)均是感性负载,因为流过行偏转线圈电流的最大值与行正程扫描时间成正比,即行频越低,周期越长,行正程时间相应变长,所以当行频偏低时,将加重行输出管的负载,结果使偏转电流上升,使行输出管的功耗变大,当超过行管所承受的电流最大值时,行管烧坏。引起行频偏低的主要原因是行振荡级出现异常
行激励不足	行管在正常工作时是处于开关状态的,如出现激励不足,行管将不再工作于开关状态,而是工作于放大状态,这样行管的功耗将成倍增加,行电流迅速增大引起行管发烫,一旦超过行管功耗的极限值,则会使行管再度烧坏。其时间间隔有快有慢,有的刚开机就烧坏行管,有的过一段时间才烧坏行管。若时间间隔长,不妨用示波器观察激励级的波形,可帮助找到故障原因。造成行激励不足的原因有:行激励管性能不良、行激励变压器的供电电阻阻值增大、行激励变压器周围元件有虚焊、行激励变压器初级绕组上的滤波电容变质、行振荡电路的晶振不良、集成电路中行振荡电路单独供电脚的外接电容失效造成滤波不良等
行逆程时间过短	在行逆程期间,会产生很高的反峰脉冲电压,这就要求行逆程电容、行输出管、阻尼二极管等元件具有很高的耐压能力。当行逆程电容容量变小、失效或短路时,反峰脉冲电压上升,一旦超过行管的耐压值,就会出现行管换一只烧一只的现象。此时,迅速用手摸行管的散热片,若温度与未开机前差不多,则说明是因为逆程电容开路而引起的过压击穿。解决方法是将行逆程电容全部换新

续表

屡烧行管原因与维修	
环境潮湿	这使行输出变压器周围元件漏电，或者因散热不良（如将彩电置于柜内或维修时行管与散热板上的固定螺钉未拧紧），行管过热，使其耐压降低，最终损坏行管
行偏转线圈开路	此时行扫描正程后半段行管导通的时间将会大于其截止的时间，使行管在逆程时间内也短暂导通，导致行管损坏。因此，维修时要特别小心，在行偏转线圈及其回路开路的情况下，如果长时间通电检修，是极危险的
S 校正电容短路	枕校电路元件短路 使电流大增，造成行管因过流而击穿。此外，阻尼二极管开路、高压打火、行管质量差、显像管内部跳火、AFC 电路有故障等，也会造成行管击穿
开关电源中的行脉冲信号耦合电容、取样电压滤波电容失容	受附近大功率元件高温烘烤后，容易失容而变质，导致行管击穿，根治方法是将这些电容换成钽电容
行管型号和参数不对	这种情况在专业的厂家售后一般不会出现，但是作为个体维修或业余维修就可能遇到。高清彩电行管的功率大、频率高，最好用同型号行管代换。有的行管发射极没有并联电阻，如果采用普通行管，发射极并联电阻的阻值比较小，会造成基极驱动电流小，激励不足，行电流过大（正常高清行电流在 500 ～ 600 mA）而再次损坏。更换行管后测量行电流，如果原行激励变压器次级并联有缓冲电阻，可将该电阻阻值增大，甚至取下；如果行管发射极串联有反馈电阻或基极有限流电阻，可减小该电阻阻值，再次测量行电流，如果行电流减小就适当改变着两个电阻的阻值

▶ 5.5.4　实战 32——全无故障维修实例

故障现象	全无
维修机型	TCLAT21189B 机型，超级芯片采用的是 OM8370，属于 UL12 机芯
故障分析	根据故障现象分析，最大可能为开关电源或行扫描电路损坏
检修方法和步骤	❶ 打开机壳后，检查发现保险管完好。通电开机，测量 +B 电压为零，无输出。表明电源有问题 ❷ 接上假负载 100W 灯泡开机，灯泡也不亮，测量 +B 电压为零 ❸ 测量 +300V 电压基本正常。测开关管 Q801（2SK2645）的 D 极为 300V，G 极为 0V ❹ 测电源厚膜 IC810(TDA16846) 各脚电压。2 脚 12V，10 脚为 0.8V，13 脚为 0V，14 脚为 13V 且波动。怀疑 TDA16846 损坏 ❺ 更换 TDA16846 后试机，只是指示灯闪烁。测量 13 脚电压为 1.5V，表明有启动脉冲输出。怀疑 Q801 有问题，更换场效应管开关管后，输出电压正常，故障排除

续表

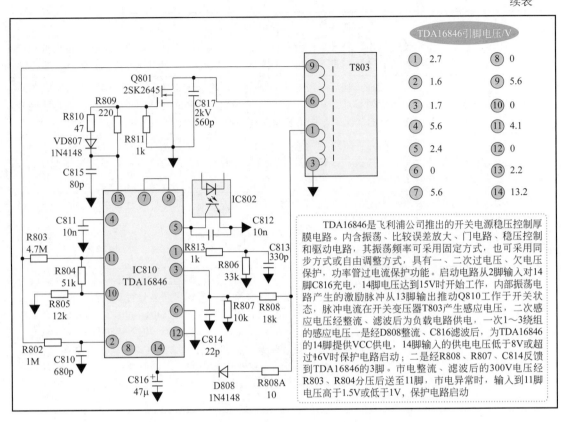

TDA16846引脚电压/V

① 2.7	⑧ 0
② 1.6	⑨ 5.6
③ 1.7	⑩ 0
④ 5.6	⑪ 4.1
⑤ 2.4	⑫ 0
⑥ 0	⑬ 2.2
⑦ 5.6	⑭ 13.2

TDA16846是飞利浦公司推出的开关电源稳压控制厚膜电路。内含振荡、比较误差放大、门电路、稳压控制和驱动电路，其振荡频率可采用固定方式，也可采用同步方式或自由调整方式，具有一、二次过电压、欠电压保护，功率管过电流保护功能。启动电路从2脚输入对14脚C816充电，14脚电压达到15V时开始工作，内部振荡电路产生的激励脉冲从13脚输出推动Q810工作于开关状态，脉冲电流在开关变压器T803产生感应电压，二次感应电压经整流、滤波后为负载电路供电，一次1～3绕组的感应电压一是经D808整流、C816滤波后，为TDA16846的14脚提供VCC供电，14脚输入的供电电压低于8V或超过16V时保护电路启动；二是经R808、R807、C814反馈到TDA16846的3脚。市电整流、滤波后的300V电压经R803、R804分压后送至11脚，市电异常时，输入到11脚电压高于1.5V或低于1V，保护电路启动

故障现象	雷击后全无
维修机型	TCL AT25181机型，超级芯片采用的是TDA9373
故障分析	用户反映是雷雨天损坏的，但没有收看电视，电视是处于待机状态的。雷电击穿的机子不好判断其故障范围，但多数是元器件短路性故障
检修方法和步骤	❶ 初步检查是主电源滤波电容炸裂。清理电容的花絮，更换滤波电容。试机，指示灯不点亮，主电源无输出 ❷ 检查电源电路没有发现异常问题，强制开机，测量+B电压无135V。说明电源基本正常 ❸ 因为指示灯不点亮，重点检查+5V及相关电路 ❹ 当拆卸下前面板电路时，发现指示灯已破碎，再仔细观察，电源开关焊接处铜箔有电击的黑色痕迹 ❺ 继续检查后，发现遥控接收头IR001，三极管Q001、Q002、Q003、Q005，二极管D001、D003均已击穿。更换上述元件后，开机指示灯点亮，但二次不能开机 ❻ 更换超级芯片，故障排除

故障现象	开机后，红色指示灯转为黄色点亮，无光栅、无伴音
维修机型	康佳P2977S机型，超级芯片采用的是VCT381A
故障分析	红色指示灯点亮，能正常开机，但无光栅、无伴音，多为电源、行扫描电路、超级芯片及外围电路有问题

续表

检修方法和步骤	❶ 测量超级芯片的 7 脚电压为 5V，处于开机状态 ❷ 测量加速极电压为 265V，三个阴极电压均为 200V，说明电源和行扫描工作正常 ❸ 测量超级芯片的 54 脚电压为 3.3V，正常；58 脚电压为 4.8V，正常；59 脚电压为 3.1V，正常；60 脚为 0V，正常值应在 3.5 ～ 4V 之间 ❹ 测量电阻 R184 两端电压为 5V，说明其有断路现象，脱焊下 R184，发现已开路。更换该电阻，故障排除
总结	数据总线上的上拉电阻 R184 开路后，导致数据总线电压过低，造成不能正常开机，出现"三无"现象。时钟总线上的电阻 R185 开路后也会造成同样的故障现象

故障现象	全无
维修机型	长虹 SF2111 机型，超级芯片采用的是 OM8370
故障分析	故障可能在存储器、超级芯片、电源电路、扫描电路等
检修方法和步骤	❶ 检查保险管，已经烧毁。表明电路有短路故障存在 ❷ 在机测量电源开关管集电极与发射极正反电阻，发现其正反电阻值为 0Ω。表明开关管已击穿 ❸ 在机测量行管集电极与发射极正反电阻，发现其正反电阻值为 0Ω。表明行管也已击穿 ❹ 更换开关管、行管、保险管，故障排除

故障现象	全无
维修机型	康佳 P2960K 机型
故障分析	故障可能在电源电路、扫描电路、存储器、超级芯片等
检修方法和步骤	① 查保险管正常，开机后测电源各路无输出 ② 测开关管集电极电压只有 273V，将 300V 滤波电容拆下测量，已无容量。更换后，故障排除
总结	K 系列机型电源保护电路较多，300V 滤波电容失容后使电源停振，而不像其他电源一样开机看到的是 S 形扭曲的图像

故障现象	无光栅
维修机型	高路华 TN-2156LUS 机型，超级芯片采用的是 TMPA8803
故障分析	无光栅的故障范围较大，主要有：显像管及供电电路、亮度电路、ABL（自动亮度限制）电路、电源供电电路、超级芯片等
检修方法和步骤	① 开机测量 B1、B2、B3、B4、B5、B6 电压，均基本正常 ② 用遥控器开 / 关机，B4 电压变化正常 ③ 观察显像管灯丝也正常点亮 ④ 测量超级芯片的 36、44 脚电压为 0V。继续检查，发现是电源调整管 V905 有异常，脱焊下 V905，用万用表测量其质量好坏，发现其存在短路性损坏。更换 V905，故障排除
总结	5V-2 电源电压是超级芯片中的中频、亮度、场稳压电源，该电压出现问题，造成超级芯片内部的亮度及场信号形成电压缺少而出现无光栅（黑屏）

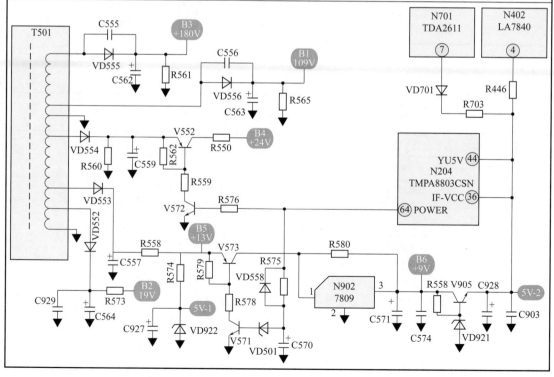

故障现象	屡次烧坏电源开关管
维修机型	TCL AT29128 机型
故障分析	该故障的主要原因有：电源负载有短路现象、脉宽调制短路异常、尖峰吸收电路不良等
检修方法和步骤	❶ 检查开关管，又再次烧毁 ❷ 结合前几次的维修情况，主要检查脉宽调制电路和尖峰吸收电路 ❸ 检查发现脉宽调制电路 K840、VR821、R837、IC803 及光耦的 1 脚和 2 脚等元件均正常 ❹ 检查尖峰吸收电路，发现电容 C817 容量减小。更换该电容，故障排除

5.6 二次不开机故障检修

5.6.1 二次不开机故障原因分析及检修思路

故障现象	二次不开机是指电视机电源开关接通后，电源指示灯亮，用遥控器或本机键开机，电视机无光栅、无伴音、无图像，这种现象称为三无故障或二次不开机故障
故障原因	指示灯亮，说明机内已通电，开关电源已经进入了工作状态，且有电压输出，行扫描电路也无严重的短路故障。造成二次不开机故障的主要原因是控制系统电路、行扫描电路或开关电源的开机 / 待机控制电路有故障
检修思路	检修二次不开机故障，最主要的是判断出故障是在控制系统电路，还是在行扫描电路及开机 / 待机控制电路。其故障检修判断逻辑图如下图所示
超级芯片工作条件	（1）供电电压 供电电压端，一般由开关电源直接供给 +3.3V、+5V 或 +9V 的直流电压。该电压若过高，有可能烧坏超级芯片，电压过高一般是由供电电源异常引起的；电压若过低，超级芯片不能启动工作，电压过低可能是由供电电源异常引起，也可能是芯片内部短路造成的，区别判断的方法是：脱开引脚，电压升高或正常，则为芯片内部短路，否则为供电电源异常
	（2）时钟振荡 时钟振荡电路由超级芯片两个引脚外接元件（晶振及电容）和芯片内部相关电路组成 时钟振荡正常与否的精确判断方法是用示波器测量波形或用良品元件代换法，下面为主谈谈两种电压法 ❶ 测量晶振两端的直流电压（最好用数字表）。若不起振，晶振两端的直流电压基本相等（约为 1.55V）；两端电压相差约为 0.08V，则判断振荡电路已经进入振荡状态。对于不起振，应检查晶振和超级芯片。不过时钟振荡电路的振荡幅度不够或频率偏移过大，也会造成二次不开机故障。晶振外接的两只平衡电容不接入电路不会造成时钟振荡电路不工作，若怀疑有短路现象，可采用脱开的方法进行判断 ❷ 测量存储器引脚的总线数据电压。如果时钟振荡电路工作正常，在存储器总线接口上，用数字表可以测量到 3V 左右的变化电压；若没有变化电压，则说明时钟振荡电路没有振荡。该电压变化的原因是由于振荡电压是由脉冲电压和直流电压叠加组合而成

超级芯片工作条件	（3）复位电路 　　复位电路一般有两种形式，长虹电视机复位端直接接地（采用芯片内部电路复位），康佳、TCL电视机中所采用的复位端设计有复位电路。复位端电压（非接地端）的变化过程是在电视机二次开机瞬间，其变化过程为高电位→低电位→零。若没有这个变化过程，则主要检查复位电路或超级芯片
超级芯片本身	超级芯片本身损坏也会造成二次不能开机。因为微处理器内部的随机存储器、电视图文检测电路、记忆器、字符信号形成显示电路等出现故障（短路），会使芯片内部的总线与微处理器的交换数据丢失或异常，从而造成不能二次开机。超级芯片本身损坏，只能用同型号带掩膜的芯片更换
总线及挂接在总线接口上的其他电路	总线接口上的电压由两种电压叠加而成，一是由总线接口上的偏置电阻（上拉电阻）提供的直流电压，二是由芯片内部输出的代表控制信息的总线数据信号。因此，在维修时，测到的总线接口上的电压是波动的不稳定状态 　　总线接口电压不正常也会造成二次不开机，会使挂在总线接口电路上的所有被控电路不能进入正常工作状态。造成总线接口电压不正常的原因，既有微处理器本身有问题，也有总线接口上拉电阻和被控电路的问题。因此，检修总线接口电压不正常故障时，第一，应对总线接口上的上拉电阻及供电电源进行检查；第二，应对挂在总线接口上的被控电路进行检查，检查方法是采用断开被控电路（相关模块或集成电路）总线信号输入端的方式，若断开后，能二次开机，则为断开的被控电路有故障 　　外部存储器（E^{2}PROM）损坏也会造成二次不开机，因为二次开机数据等存储在外部存储器中。外部存储器正常工作所需的电源电压由开关电源提供，工作电压一般为+5V，首先应判断该电压是否正常。外部存储器损坏只能通过代换进行判断，当然，该存储器是不能随便断开的，有些电视机可用空白的存储器代换判断，有的需要写有程序的来进行判断。若存储器硬件损坏，只能更换；若软件损坏，可重写存储器数据来维修
本机键控损坏也会造成二次不开机	本机键控输入电路常有两种形式：一是有两个本机键控电压输入接口（TDA9370采用），二是有一个本机键控电压输入接口（TDA9383采用）。本机键控损坏的判断方法如下：第一种电路形式，可将超级芯片的两个本机键控输入端从电路中脱开（必须保证指示灯一路连接完好）。若脱开后，电视机能从待机状态转为正常工作状态，则说明造成电视机二次不开机故障在本机键控电路，此时检查本机键控键和键控电压输入端口的电路板即可排除故障；若脱开后，电视机不能由待机状态转为正常工作状态，则故障与本机键控电路无关。第二种电路形式，可将本机键控电压输入端脱开，用一只3.9kΩ的电阻接在脱开的脚上（电阻的另一端接入5V电源），后用遥控器开机，若电视机能正常工作，则表明本机键控电路有故障，否则说明电视机故障与本机键控电路无关

```
                    ┌────────────────────┐
                    │ 二次不能开机，指示灯亮 │
                    └──────────┬─────────┘
                               ↓
                    ┌────────────────────┐
                    │   能否输出二次开机信号  │
                    └──────────┬─────────┘
              能                           不能
        ┌──────────────────┐      ┌──────────────────┐
        │  有无行激励脉冲输出   │      │    检查控制系统     │
        └────────┬─────────┘      └──────────┬───────┘
         有              无                    │
   ┌───────────┐  ┌───────────────┐   ┌───────────────┐
   │ 检查行扫描电路 │  │ ① 查开机/待机控制 │   │ ① 超级芯片工作条件 │
   └───────────┘  │ ② 检查超级芯片   │   │ ② 芯片本身       │
                  └───────────────┘   │ ③ 总线及存储器    │
                                      └───────────────┘
```

5.6.2　TDA93×× 系列超级芯片二次不开机故障进行方法

TDA93×× 系列超级芯片二次不开机故障进行方法
在检修 TDA93×× 系列超级芯片彩电时，也可观察二次开机时，待机指示灯的闪亮情况，即待机指示灯是始终处于点亮状态还是熄灭后又点亮 　若待机指示灯始终处于点亮状态，则应检查超级芯片的供电电压和复位电压是否正常、存储器的供电电压是否正常、时钟振动电路工作是否正常。若以上各项均正常，则是超级芯片、存储器损坏或存储器数据异常，可通过更换超级芯片、存储器或重写存储器数据来解决，也可将存储器拆下后再试机，若开机后光栅重写，则是存储器损坏或数据有误 　若待机指示灯熄灭后又点亮，则超级芯片内部的 CPU 部分工作正常，故障为行扫描电路未正常工作，导致电视机处于保护状态。可检测超级芯片 33 脚在开机时输出的行激励脉冲是否正常，若该脚脉冲输出正常，则表明超级芯片内部的行振荡电路工作正常，故障应在此之后，即故障在行激励级或行输出级、保护电路、EHT 检测电路等；反之，33 脚若无脉冲输出，则为超级芯片内部的行振荡电路有问题，故障在超级芯片或其供电电路 　若二次开机待机指示灯闪烁几秒钟后熄灭，则故障在超级芯片或复位电路

5.6.3　LA7693× 系列超级芯片二次不开机故障进行方法

LA7693× 系列超级芯片二次不开机故障进行方法
可通过观察电视机面板上待机指示灯的变化情况来判断故障部位 　若二次开机时待机指示灯常亮，则表明超级芯片内微处理器未工作，应重点检查超级芯片的 +5V 工作电压、复位信号电压、系统时钟振荡信号、I^2C 总线电压和存储器总线数据是否正常 　若二次开机时待机指示灯熄灭后又点亮，则是保护电路动作，应检查场输出保护检测等电路

5.6.4　实战 33——二次不开机维修实例

故障现象	指示灯点亮，不能二次开机
维修机型	海尔 21TA-T 机型，超级芯片采用的是 OM8370
故障分析	不能二次开机可能的原因有：超级芯片损坏、存储器异常、开关机驱动电路异常、电源电路异常、行扫描电路异常等
检修方法和步骤	❶ 测量超级芯片 N201(OM8370) 的开关机控制引脚 1 脚的电压为 2.5V，按遥控器或本机按键，均不能二次开机。1 脚电压为 2.5V，始终不变 ❷ 测量主电源电压为 75V，表明彩电处于待机状态 ❸ 测量现在电压为 4.0V，将存储器 N202（24C08）的 5、6 脚与电路脱开，重新给彩电上电，机子能二次开机。此时，测量超级芯片的 1 脚电压为 0V，表明是存储器数据错误导致 N201 不能正常工作 ❹ 用拷贝好数据的 24C08 上机，彩电能正常工作 ❺ 开机搜台后，发现场幅度与中心有异常，进入总线重新调整后，故障排除

故障现象	不能二次开机
维修机型	高路华 TN-2156LUS 机型，超级芯片采用的是 TMPA8803
故障分析	不能二次开机的主要原因有：超级芯片损坏、开机 / 待机控制电路异常、B4 电压产生电路异常等
检修方法和步骤	❶ 测量超级芯片的 64 脚开机 / 待机电压，在遥控器操作开机 / 待机时，有高低电平变换，表明超级芯片能输出开机 / 关机指令 ❷ 测量滤波电容 C559 两端的电压为 0V，仔细检查发现整流二极管 VD554 的正极引脚有脱焊现象。补焊该焊点，故障排除

故障现象	开机后马上就自动关机，再二次开机就无反应，但电源指示灯仍然点亮（蓝色）
维修机型	长虹 SF2111 机型，超级芯片采用的是 TDA9370
故障分析	故障可能为保护电路起控、超级芯片工作条件不具备等
检修方法和步骤	❶ 测量超级芯片的供电电压引脚，发现 54、56、61 脚没有 +3.3V 电压 ❷ 检查开关电源电路，测量 5V-1 电压正常，说明限流电阻 RF569 之前的电路是正常的 ❸ 测量调整管 V505 的集电极电压，为 0V，异常（正常值为 9.8V），继续检查发现电阻 R564 开路 ❹ 更换电阻 R564，+3.3V 恢复正常，故障排除

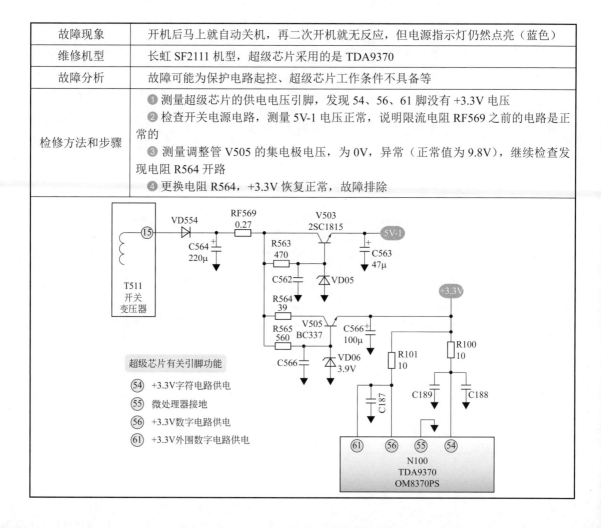

故障现象	不能二次开机
维修机型	康佳 P2977S 机型，超级芯片采用的是 VCT381A
故障分析	开机时应仔细观察，如果开机后红色发光管一直点亮，说明电视机处于待机状态，故障多在 CPU 部分；如果开机后黄色发光管点亮后熄灭，红色发光管稳定发光，则为保护性关机，故障多在受保护电路。本机为开机后红色发光管一直点亮
检修方法和步骤	❶ 测量超级芯片 N103（VCT3801A）的 7 脚电压为 0V。说明超级芯片没有进入正常工作状态 ❷ 测量超级芯片的 54 脚电压为 1.9V 左右，正常值应为 +3.3V ❸ 继续测量调整管 V112 集电极电压为 +5V，正常；基极电压为 2V 左右且不稳定。说明稳压二极管 VD17 有异常，更换稳压二极管，故障排除

故障现象	红灯点亮，不能二次开机
维修机型	海尔 29F9D-T 机型，超级芯片采用的是 TMPA88××
故障分析	故障可能在超级芯片、存储器、电源电路、扫描电路等
检修方法和步骤	❶ 检测超级芯片的各引脚电压，基本正常。引脚正反电阻值也没有大的异常 ❷ 用替换法代换晶振 X201，故障排除

5.7 光栅故障检修

5.7.1 黑屏（有伴音、无光栅）

故障现象	黑屏的故障现象为有伴音、无光栅但显像管灯丝亮，其可能故障现象有两种：一是一开机就不出现光栅；二是开机后光栅立即出现，但很快变得很亮，然后突然消失或关机可能出现瞬间亮光现象
故障原因	有伴音表明电源电路、控制系统、总线通道、公共通道及行扫描电路等基本正常

故障原因	若一开机就不出现光栅，说明显像管不具备发光条件（即束流截止）。除显像管本身外，可能的故障部位是显像管供电电路。显像管的加速极电压、高压、灯丝电压都是由行输出电路提供，而阴栅电压与亮度通道有关，因此故障出在输出级高、中压电源和灯丝电压部分或亮度通道（包括 ABL 电路、黑电流检测电路）。若开机后光栅迅速变得很亮而后突然消失，说明故障是由于束流过大，过流保护电路动作引起的，其故障大部分出自亮度通道 出现黑屏的主要原因有显像管损坏、末级视放电路有故障、加速极电压异常、暗电流（黑电平）检测异常或束电流检测异常、超级芯片无沙堡脉冲信号输出或高压反馈信号异常使芯片进入保护状态。此外，存储器损坏、数据异常等也会出现黑屏故障 在检修黑屏时，在开机的瞬间听一下是否有高压声，能听到"唰"的一声或用手背试一下显像管正面有静电感应，即汗毛有被吸引的感觉，表明高压基本正常 如果灯丝亮无光栅，则先调高加速极电压到出现光栅为止。若调节加速极也无光栅，则要测量加速极电压是否正常，若不正常，检查行输出变压器绕组、限流电阻、整流二极管、滤波电容等；若有电压，可能为显像管损坏或其他电路异常
束流检测异常造成黑屏	现象为灯闪无光栅，这时若按开机 / 待机键，电视机接收的指令是可以执行的。此故障一般发生在末级视放电路，如末级视放三极管开焊或损坏，此时比较容易判断是哪一枪损坏，方法是开机后，过一分钟左右关机，看一下光栅的颜色，这时一般都是偏色的，若为黄色光栅，则是蓝末级视放电路损坏（一般电视机都选用蓝背景，故损坏率较高）；若为青色，则是红末级视放电路有问题；若为紫色，则是绿末级视放电路有故障。同时，还要注意查一下束流取样电阻
行场脉冲异常造成的黑屏	此类黑屏是开机后无光栅，调加速极后有白板光栅，无字符无图像，按键均失灵，这时测量总线的时钟线和数据线两个电压会出现异常，用示波器测量无波形。在修行场脉冲异常造成的黑屏，一定要与束流检测造成的黑屏区分开，以免在维修中走弯路。其主要区别在于束流检测造成的黑屏其总线电压与波形都正常，而行场脉冲异常造成的黑屏则是 CPU 进入保护状态
CPU 工作异常造成的黑屏	在检修时，应注意检查超级芯片外接晶振是否起振，存储器的时钟线和数据线是否正常的电压和波形。另外，存储器损坏、数据异常也会造成黑屏故障

▶ 5.7.2 水平一条亮线或亮带

故障现象	水平一条亮线或亮带
故障原因	水平一条亮线或亮带说明场扫描电路没有工作或工作异常，场扫描电路中场振荡、场激励、场输出的任何一单元电路有问题，都将导致出现这种故障。场振荡激励脉冲形成电路（小信号）由超级芯片内部相关电路及外围元件完成，场激励、场输出由厚膜块来完成
场厚膜（BTL）电路造成水平一条亮线主要原因	❶ 场厚膜输出端内部断路损坏 ❷ 场厚膜无正、负极性的锯齿波输入 ❸ 场偏转线圈所在回路断路 检修时，可先在路测量场偏转线圈是否接入电路，再测量场厚膜输出端对地电阻，若为无穷大，则表明厚膜输出端断路，最后通电测量厚膜的输入端电压或波形，以确定故障部位

续表

直流耦合场厚膜电路造成水平一条亮线主要原因	如小屏幕采用的 TDA8356、大屏幕采用的 TD8350Q，其输入端的直流电位是否平衡直接决定着输出端的直流电位是否平衡。维修过程中，若需判断场输出厚膜是否损坏，可采用短路输入端使其直流电位相等的方法（短路前应将输入端从超级芯片输出端脱开），若短路后输出端的电压基本平衡且电压值为场正程供电电压的一半左右，则表明该厚膜正常，反之则表明已损坏

5.7.3 垂直一条亮线

故障现象	垂直一条亮线或亮带
故障原因	在电视机中，正常的光栅是由行、场扫描共同作用的结果，但当显像管的电子束只进行垂直方向的偏转，而不作水平方向偏转时，就会使屏幕上光栅消失，只呈现一条垂直亮线 行输出电路不但要供给行偏转电流，使电子束作水平方向的偏转，而且还产生供给其他电路的直流电源，产生供给显像管的阳极电压、聚焦电压、加速极电压和灯丝电压等。当行扫描电路停止工作时，不但电子束不能作水平方向偏转，而且由于无法产生加到显像管的各极电压，故连一条垂直亮线也不可能出现。所以，产生一条垂直亮线故障时，显像管的各极电压肯定是正常的，仅仅是没有行偏转，即行偏转线圈中无锯齿波电流 根据以上分析可知，造成此故障的原因是行负载开路，即行偏转线圈支路开路
检修方法	先重点观察行偏转线圈插座、行线性电感、行幅电感引脚是否出现虚焊或打火的痕迹，若无异常，再检查或更换行偏转线圈、S 校正电容
	检修此故障时，请不要长时间通电检修，否则可能会击穿行管，使故障扩大

5.7.4 光栅暗

故障现象	光栅暗，亮度不足
故障原因	此故障与 ABL 自动亮度控制电路、暗电流检测电路、GRB 三基色信号处理电路、显像管和行输出变压器等有关。此外，加速极电压过低、灯丝限流电阻变大、阳极高压降低、显像管老化也会使光栅变暗
检修方法	检修时，可先微调一下行输出变压器上的加速极电压调节电位器，将加速极电压略调高，观察光栅亮度是否能恢复正常。若调高加速极电压后效果不理想，则应分别检测超级芯片的三基色输出电压是否正常，若电压不正常，则应检查 ABL 电路、暗电流检测电路和视放电路是否有损坏元器件。若超级芯片的外围元件均正常，则是超级芯片内部有问题 加速极电压过低，通常为加速极滤波电容漏电引起；灯丝限流电阻变大，使阴极发射电子能力下降而使光栅变暗；阳极高压降低也会使光栅变暗，但同时图像将会扩大和变得模糊，这一点是与单独的光栅变暗所不同的

► 5.7.5　光栅几何失真

光栅几何失真	
故障现象	桶形失真和枕形失真
故障原因	如果是桶形失真，因其校正是由显像管和偏转线圈来完成，应检查偏转线圈是否损坏或松动。如果是东西几何失真（枕形失真），25in以上的大屏幕彩电，一般有东西方向几何失真校正电路。光栅东西方向上出现几何失真，一是存储器本身硬件损坏；二是因显像管、行输出等部位高压打火，使总线数据中有关几何失真的数据发生了变化或丢失；三是几何失真校正脉冲形成电路、校正脉冲中的功率放大电路及输出电路出现故障
维修要点	在实际维修时，应先根据故障现象进行综合分析，观察光栅几何失真的程度和电视机其他功能、图像状态有无变化等。若光栅几何失真情况严重且其他功能和图像状态也不正常，则一般为总线数据发生变化而引起。此时，应先进入维修模式，选中几何失真调整项进行调整，这种原因的故障可通过软件调整或重写数据，即可排除，但需要同时注意处理引起该故障的"打火"原因问题，以免时间不长故障再次复发 　　若通过数据总线调整，还不能使故障机恢复正常状态，就用一块复制好数据的存储器进行代换。代换后故障排除，则是存储器损坏 　　若出现几何失真较为严重，但故障机的功能和图像状态没有发生变化，则故障应当在几何失真脉冲形成和功率放大及输出电路，这种原因的故障为电路中有硬件损坏，只能更换损坏的元件，才能排除故障

► 5.7.6　行场不同步

行场不同步	
故障现象	行不同步也叫水平不同步。其现象是无图像，屏幕上有倾斜的黑白条，行频偏移越多，黑白条越宽；行频偏移越小，黑白条越窄 　　场不同步是图像向上或向下翻滚，不能稳定
故障原因	故障主要在同步分离级、AFC（自动频率控制电路）、积分电路等，但这些电路都是在超级芯片的内部 　　超级芯片的引脚有一个鉴相端子，它影响芯片内部VCO（压控振荡）振荡频率及相位，该脚外接元件损坏或变质，轻者会引起行不同步，严重者行场不同步或无图像
检修要点	行不同步主要应查超级芯片鉴相端子引脚外接元件是否正常，当外接元件有问题时，轻者造成图像左右晃动，重者造成行不同步；若外接元件正常，则需更换超级芯片

▶ 5.7.7 实战 34——光栅问题维修实例

故障现象	更换行输出变压器后，出现黑屏
维修机型	海信 TC2988UF 机型，超级芯片采用的是 TDA9373
故障分析	故障可能在行场扫描电路、超级芯片、存储器、保护电路等。超级芯片 TDA9373 设有暗电流检测电路，如加速极电压调整不当，会导致光栅异常甚至黑屏现象。加速极电压过高时，会出现光栅抖动明显，屏幕时暗时亮，且幅度严重不足。这是因为束流增大，导致高压上升影响行幅的结果。加速极电压过低，灯丝发射电子束减弱，会出现黑屏
检修方法和步骤	❶ 断开后盖，开机观测，发现行输出变压器对地有打火现象，导致立即关机。仔细观测行输出变压器，发现表面有一条小裂缝 ❷ 更换同型号的行输出变压器。更换后试机，有光栅，但光栅有明显的抖动且有时暗时亮，好似黑屏 ❸ 调整加速极电压，屏幕上出现带回扫线的光栅，还是不正常 ❹ 本机设有束电流检测电路和暗电流检测电路，检查这两部分电路。检测束电流 49 脚电压为 1.1V 左右（正常为 2.5V），暗电流 50 脚电压为 3.5V（正常值为 4.5V），均不正常。脱焊下 49 脚后试机，屏幕出现正常光栅。说明束电流检测电路有故障。继续仔细检查，发现二极管 VD409 损坏。更换该二极管，故障排除

故障现象	开机指示灯点亮，黑屏，无伴音，但在关机瞬间出现水平亮线一闪
维修机型	TCL AT2190U 机型，超级芯片采用的是 TDA9370
故障分析	怀疑场输出有问题
检修方法和步骤	❶ 测量场厚膜 TDA9302H 各脚电压，没有发现什么异常。直接代换，故障依旧 ❷ 怀疑超级芯片 TDA9370 有问题，代换后故障没有排除 ❸ 测量 TDA9370 的 25、26 脚电压，场激励输出电压有偏低现象 ❹ 测量 TDA9370 的 39 脚（VP1）电压只有 2.1V，偏低。检查发现 L202 内阻增大，更换电感后，故障排除

故障现象	开机指示灯亮，无声而黑屏
维修机型	TCL AT2190U 机型，超级芯片采用的是 TDA9370
故障分析	试机发现在关机瞬间出现水平亮线一闪。根据故障现象，初步判断问题出在场部分
检修方法和步骤	❶ 开机测场输出厚膜供电电源正常，但 1、7 输入端的电压只有 0.58V，再查 TDA9370 的 25、26 脚，场激励输出电压也偏低 ❷ 代换超级芯片 TDA9370、场输出厚膜块 TDA9302H，故障没有排除 ❸ 检查 R217（39kΩ）、C222(100nF) 正常 ❹ 测 TDA9370 各脚电压时发现 39 脚（VP1）只有 2.2V，明显偏低。查其外围，发现 L202（10μH）内阻增大，更换后，故障排除

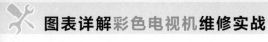

故障现象	水平一条亮线
维修机型	TCL AT2975 机型，超级芯片采用的是 TDA9373
故障分析	故障可能在场扫描电路
检修方法和步骤	❶ 测量场厚膜 TDA8359J 的供电情况，6 脚电压为 45V，正常，3 脚的 14V 供电电压为 1.5V ❷ 脱开 R304(与 D432 相连的一端)，在滤波电容 C434 上测量 +14V 供电电压，依然很低；测 D432 正极端的行脉冲正常。故判断 D432 损坏 ❸ 更换整流二极管 D432（FR104），故障排除

故障现象	三无
维修机型	长虹 SF2111 机型
故障分析	故障可能在电源、超级芯片、行扫描电路等
检修方法和步骤	❶ 测量开关电源各组输出电压基本正常 ❷ 测量行管集电极电压为 0V，测量行输出供电限流电阻 R490 两端对地电压，其中一端为 115V，而另一端为 0V，故判断 R490 断路 ❸ 限流电阻烧毁后，怀疑后级有短路现象存在，经检查后没有发现短路故障。更换 R490 后，故障排除

故障现象	水平一条亮线
维修机型	长虹 SF2111 机型
故障分析	"水平一条亮线"故障范围应在场扫描电路，该机型属于 CH-16A 机芯，场扫描电路采用 TDA8356 厚膜，主要应检查这部分电路
检修方法和步骤	❶ 测量 N400(TDA8356) 厚膜 3 脚供电电压为 16V，正常。6 脚供电电压为 0V（正常值为 45V），明显不正常 ❷ 测量 45V 供电的限流电阻 R404 一端电压为 45V，另一端为 0V。表明限流电阻短路 ❸ 在路测量 6 脚正反电阻值，没有短路。更换 R404，故障排除

故障现象	水平一条亮线
维修机型	TCL 2999UZ 机型
故障分析	水平一条亮线，说明显像管、电源电路、行输出电路基本正常，超级芯片的工作条件也基本正常。故障范围在场扫描电路，即场振荡、场激励和场输出，其中场振荡、场激励以及场锯齿波形成电路都在超级芯片中设置，场输出用厚膜 TDA8359，因此，重点要判断出故障是在厚膜还是超级芯片
检修方法和步骤	❶ 测量厚膜 TDA8359 的 3 脚供电电压 +14V，基本正常 ❷ 测量厚膜 TDA8359 的 6 脚供电电压为 0V。测量限流电阻 R305 另一端的电压为 +45V，说明该限流电阻已断路 ❸ 测量厚膜 TDA8359 的 6 脚对地正反电阻，正反电阻值较小，表明该厚膜已经击穿 ❹ 更换厚膜 TDA8359、电阻 R305，故障排除

续表

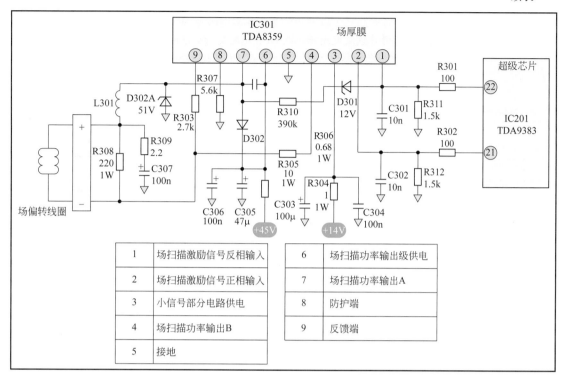

1	场扫描激励信号反相输入	6	场扫描功率输出级供电
2	场扫描激励信号正相输入	7	场扫描功率输出A
3	小信号部分电路供电	8	防护端
4	场扫描功率输出B	9	反馈端
5	接地		

故障现象	屡烧场厚膜 TDA8356
维修机型	长虹 CH-16 机芯
故障分析	供电电压过高、打火异常引起、有元件变质
检修方法和步骤	❶ 检查场厚膜 TDA8356 的 6 脚 +45V 电压是否过高，若过高，查供电电路 ❷ 检查场厚膜 TDA8356 的 3 脚 +16V 电压是否过高，若过高，查供电电路 ❸ 检查场、行偏转线圈之间是否有漏电或打火现象，若有，做绝缘处理或更换偏转线圈 ❹ 电阻 R401 阻值变大，将使其两端压降增大（正常值为 0.2V），则流过的电流增大，导致烧场厚膜 TDA8356。更换该电阻

故障现象	图像光栅暗，进入菜单时呈黑屏
维修机型	长虹 SF2915 机型
故障分析	该机器开机后有极其暗淡的彩色图像，将亮度及对比度调到最大时，图像也很暗，而且进入菜单状态或调整音量时呈现黑色屏幕现象，只有当菜单或音量字符消失后才会出现暗淡的图像，因此应主要检查亮度通道
检修方法和步骤	❶ 测量加速级电压为 350V 左右，基本正常，接着检测视放电路也正常 ❷ 测量 TDA9383 的 50 脚黑电流检测输入端，电压为 5.6V，也正常，相关电路也基本正常

续表

检修方法和步骤	❸ 测量 TDA9383 的 49 脚自动亮度控制电压为 1.3V，正常值应为 3～4V，这部分电路有异常。为了能迅速判断 ABL 电路是否有故障，将 49 脚与 ABL 电路断开。断开后，开机图像亮度恢复正常，再测 49 脚电压，恢复到 3.2V，由此判断故障为 ABL 电路异常造成 ❹ 查 ABL 相关电路 C486、V485、R485、R482、R481、C481，发现 R482 断路。更换 R482，故障排除

故障现象	开机三无，红色指示灯点亮
维修机型	康佳 P2977S 机型，超级芯片采用的是 VCT381A
故障分析	开机时应仔细观察，如果开机后红色发光管一直点亮，说明电视机处于待机状态，故障多在 CPU 部分；如果开机后黄色发光管点亮后熄灭，红色发光管稳定发光，则为保护性关机，故障多在受保护电路。本机为开机后红色发光管一直点亮
检修方法和步骤	❶ 测量超级芯片的 7 脚（开机／待机）电压为 0V，说明处于待机状态 ❷ 测量超级芯片的 54 脚（供电端子）电压为 +3.3V，正常；56 脚电压为 0.4V，正常值为 1V；57 脚电压为 0.2V，正常值为 1.7V；58 脚电压为 0V，正常值为 4.8V；59、60 脚均为 5V，正常（待机状态下） ❸ 测量 58 脚外接复位 IC 的 1 脚电压为 5V，正常；3 脚电压为 0V。怀疑该复位 IC 损坏，更换新的复位模块（KIA7045）后，故障依旧 ❹ 检查 56、57 脚外围元件，发现电容 C163 有严重漏电。更换电容后，故障排除

故障现象	三无，红色指示灯点亮后转为黄色
维修机型	康佳 P2977S 机型，超级芯片采用的是 VCT381A

续表

故障分析	开机，能听到有高压启动的声音，说明故障不在电源部分，应在行扫描输出或超级芯片的控制部分
检修方法和步骤	① 测量电源各输出电压，都基本正常 ② 测量尾板上的三个阴极电压，均为 201V，说明视放电路是截止的 ③ 测量超级超级芯片 N103(VCT3801A) 的 42、43、44 脚电压均为 0V ④ 测量超级芯片的 56 ～ 60 脚电压基本正常，更换超级芯片后，故障依旧 ⑤ 更换复制好数据的存储器 N104，故障排除

故障现象	三无，红色指示灯点亮后转为黄色
维修机型	康佳 P2977S 机型，超级芯片采用的是 VCT3801A
故障分析	黄灯点亮表明开关稳压电源工作基本上是正常的。主要原因有：超级芯片损坏、超级芯片工作条件不具备、I²C 总线电压不正常保护、存储器损坏等。若黄灯不亮且不能开机，则多为开关稳压电源有故障
检修方法和步骤	① 测量开关电源各路输出电压，都基本正常 ② 测量超级芯片的 54 ～ 60 脚电压，基本正常。其中 59 脚 SCL 电压为 3.6V，60 脚 SDA 电压为 4.1V ③ 测量存储器总线电压，发现 6 脚 SCL 电压为 +5V，与正常值 3.5 ～ 4.5V 偏差较大。 ④ 仔细检查后，是二极管 VD114 击穿短路。更换该二极管后，故障排除
总结	VD114 二极管损坏后，+5V 电压直接加到 I²C 总线的 SCL 上，造成总线电压过高，以致无法正常开机。检修时，如果发现 I²C 总线电压在 3.5 ～ 4.5V 之间变化（摆动），表明总线控制电路基本正常，则可以判断产生无法启动开关电源（指遥控开关机直接控制开关电源的电路）或开关电源启动后整机不能进入正常工作状态的故障原因不是出在 I²C 总线控制电路上。若 I²C 总线输出电压异常，包括偏大或偏小，电压时有时无或电压不变化等，表明挂在总线上的所有受控电路，如总线接口电路、外部存储器、受控器等有可能出故障。检修时，可先断开数据总线总负载，若总线电压恢复正常，表明故障出在数据总线总负载电路。然后接好总负载，分别断开每一个受控器，当断开某一受控器时总线电压恢复正常，说明故障出在该受控器上。若断开数据总线负载后故障依旧，说明可能是超级芯片数据总线输出接口电路、存储器出现了故障，可更换超级芯片

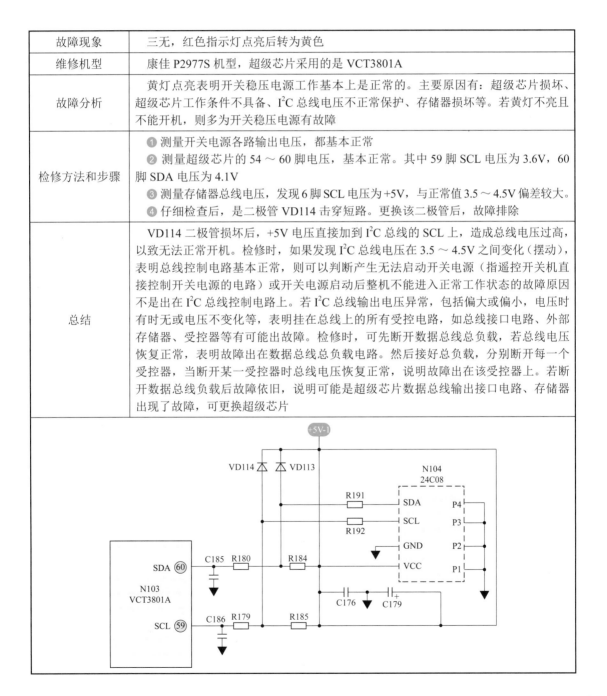

故障现象	行中心严重偏移
维修机型	TCL AT21S135 机型，超级芯片采用的是 TMPA8823
故障分析	故障可能在沙堡脉冲电路、超级芯片、校正电路等
检修方法和步骤	❶ 测量行输出变压器 T402 的 3 脚 FBP（沙堡脉冲）脉冲电压，基本正常 ❷ 测量输入到超级芯片 TMPA8823 的 12 脚电压也正常（1.25V） ❸ 怀疑超级芯片有问题，更换后故障没有排除 ❹ 检查行偏转线圈的 C420、D405、R410 组成的行校正电路，发现 C420 电容失容。更换该电容，故障排除

故障现象	枕形失真
维修机型	TCL AT2590UB 机型，超级芯片采用的是 TDA9373
故障分析	主要应检查枕校电路和存储器数据
检修方法和步骤	❶ 测量枕校管 Q447 集电极电压为 0V（正常值为 22V），而电感 L441 与阻尼二极管 D402、D403 连接端有 22V 电压，判断 L441、R468 可能有损坏 ❷ 检查 R468 发现断路，更换该电阻，故障排除

故障现象	行不同步
维修机型	康佳 P2977S 机型，超级芯片采用的是 VCT381A
故障分析	故障有可能出在行扫描电路
检修方法和步骤	❶ 测量超级芯片的 33 脚电压为 0.4V，基本正常 ❷ 检查超级芯片与行输出变压器之间的元件，发现电阻 R144 开路。更换该电阻，故障排除

出现行不同步故障时，主要应检查行输出变压器T402的10脚到超级芯片的33脚间电路是否有问题。例如，R419、R144开路，C181、VD407短路，均会造成行逆程脉冲无法送至超级芯片的33脚，导致行不同步。如果行逆程脉冲送至N103的33脚，仍出现行不同步现象，则说明故障出在超级芯片内部的AFC(自动频率控制电路)电路上，此时只有更换超级芯片来排除故障

5.8 图像故障检修

5.8.1 有光栅、无图像、无伴音

有光栅、无图像、无伴音	
故障现象	开机后光栅正常，在 TV 状态下，既无图像，也无伴音
故障原因	电视机光栅正常，表明超级芯片的总线接口电压和总线信号输出 / 输入正常。无图像、无伴音故障一般为：一是图像信号和伴音信号处理电路的公共通道有问题（伴音通道和视放电路同时出现故障较为少见）；二是控制系统电路对图像信号处理电路的控制出了问题，使图像信号处理电路不能进入正常工作状态；三是 AV/TV 切换电路有故障；四是同步分离电路有故障
检修方法与技巧	检修时，首先用干扰法逐步缩小故障范围，待故障范围确定后，再用其他方法进行检查和排除。采用干扰法时，可先在高频头的 IF 端子加入人体感应信号，观察屏幕上是否有噪波反应。若屏幕上有明显的噪波反应，表明高频头以后的电路是正常的，则故障在高频头及控制电路，主要应检查高频头上的 BM、VT、AGC 端子的电压是否正常。若电压不正常，则故障在上述各端子的电压供电电路或高频头内部短路（断路不会造成电压异常）；若电压正常，则故障为高频头本身损坏，可更换同规格的高频头一试
若在高频头的 IF 端子加入人体感应信号，屏幕上有明显的噪波反应，此时也可采用把万用表置于直流 50V 挡位，两表笔分别接于高频头 VT 端子与地线上，使电视机进入自动搜索过程，正常时，在自动搜索过程中，调谐电压应从 0 ～ 30V 缓慢变化三次；若无变化或变化异常，可将红表笔换接于超级芯片 VT 输出端，再进入自动搜索状态，正常时该电压应从 0 ～ 4.5V 缓慢变化三次，否则，前者为 33V 调谐电平变换电路有问题，后者为超级芯片损坏或总线数据有问题
若在高频头的 IF 输出端加入人体感应信号时，屏幕上无反应或反应不明显，而在超级芯片的 IF 输入加入人体感应信号时屏幕上噪波明显，则表明超级芯片内部的中频信号处理电路工作正常，故障在声表面波滤波器（SAWF）或预中放电路。当怀疑声表面波滤波器有问题时，可采用将 0.01μF 的瓷片电容并与其输入 / 输出端，观察屏幕噪波情况，以判断是否损坏
也可使用 AV 信号输入法检修。若电视机在 AV 状态下输入视频信号后，图像和伴音均正常，则可判断为高频头、预中放、SAWF 和中频处理电路有问题；若在 AV 状态下依然无图像无声音，则故障在 AV/TV 信号切换电路或超级芯片内部电路
观察自动搜索情况作出判断	也可观察自动搜索情况作出判断。如果电视机在自动搜索过程中，屏幕上虽然没有图像出现，但有噪波出现，可将故障范围锁定在高频头和预中放电路上，通过测量高频头的各端子电压和预中放电路的工作电压来判断它们是否存在故障。如果电视机在自动搜索过程中，屏幕上一点噪波都没有，一般故障在由超级芯片组成的电路上。进一步检测时，若测得芯片供电电压正常，可判断无图像故障在超级芯片

5.8.2 有光栅、无图像、有伴音

有光栅、有伴音、无图像	
故障现象	有光栅、有伴音、无图像
有光栅、有伴音、无图像	首先要对伴音和光栅质量（好坏）进行认定，若虽有伴音但不佳，则按"无伴音无图像"故障进行检修，一般为公共通道有问题所致；若光栅不正常，有回扫线或过亮，则一般为亮度、显像管本身、ABL 及有关电路有问题；若屏幕上出现行不同步现象，主要应查超级芯片的 AFC 引脚（含行 AFC2、AFC1 锁相环滤波）外围元件、芯片本身及行逆程输入端 在伴音正常的情况下，应查超级芯片的图、声分离电路，即射随器、陷波器等，需逐级进行检查
图像上雪花噪点大、不清晰	测量超级芯片的 RF AGC 输出端电压，该电压若比正常值低，表明高频头 AGC 供电电压低，使高频头增益下降，IF 端子输出的信号被减弱，对 AGC 端子至超级芯片引脚间元件进行检查，主要应查高频头 AGC 端子外接分压电阻是否断路或阻值变大，最后应考虑高频头及超级芯片本身；若该电压比正常值高许多，表明超级芯片内部 AGC 电路未起控，故障在高频头 IF 端子至超级芯片之间元件，包括超级芯片和高频头本身
不存台	能自动搜索，但不能存台，是指在搜索时能搜索到清晰的电台，但图像一晃而过，不能识别存储。在超级芯片机型彩电，通常此故障原因出在如下三个部分：一是 AFC 滤波电路损坏；二是超级芯片本身有问题；三是存储器有故障 搜索时可看到一个或多个节目，搜索完毕后也可正常收看，但只要一换台或关机后再开机，所观看的电台即消失，此种故障表现通常为存储器不良造成的

5.8.3 实战 35——图像故障维修实例

故障现象	无图像
维修机型	TCL 2999 机型
故障分析	图像与伴音是在预视放后分离开的，现在伴音正常而无图像，故障应该在预视放的后级电路。先利用 TV/AV 转换功能，缩小一下故障范围，再进一步检修
检修方法和步骤	❶ 输出 AV 信号，伴音正常。说明 TV 状态下伴音电路出现了问题 ❷ 超级芯片的 38 脚输出 TV 视频信号，经三极管 Q205、Q206 射极跟随后送至超级芯片的 40 脚 ❸ 测量 Q205、Q206 各极电压，发现两个三极管的集电极电压都有些低 进一步检查发现其供电电路的滤波电容 C265 有漏电现象 ❹ 更换滤波电容 C265，故障排除

续表

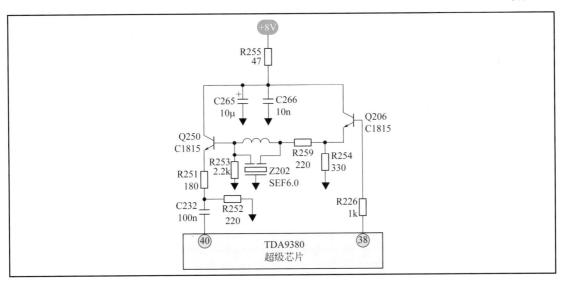

故障现象	"热机"后有伴音无图像
维修机型	康佳 P29SK383 机型，超级芯片采用的是 TDA9373
故障分析	故障可能在超级芯片、存储器、视放解码电路等
检修方法和步骤	❶ 细心观察故障现象，刚开机时伴音、图像正常，大约 10min 后出现有伴音无图像的故障。在收看节目时还发现部分台的图像行、场不同步，个别台能收看节目，但是黑白图像 ❷ 外输入 VCD 信号试机，故障现象依旧，表明故障范围不在高频接收电路 ❸ 有"伴音"说明预视放之前电路基本正常，"不同步"说明同步分离级、行振荡级及关关电路有问题。TDA9373 的 16 脚（外接鉴相器滤波电容 C124）和 17 脚（外接由 R123、C116、C117 组成的鉴相器滤波电路）与内部的行场同步分离电路、行振荡电路相连接 ❹ 测量 TDA9373 的 16 脚电压为 3V，正常，而 17 脚电压只有 3.3V（正常值为 4V）。检查电阻 R123，阻值正常，代换电容 C116（0.47μF/35V）后试机，故障排除

故障现象	无图像
维修机型	TCL AT2575S 机型，超级芯片采用的是 TMPA8829
故障分析	试机发现，图像颜色发红，搜台时图像正常且能正常存台，但正常收看时无图像。怀疑超级芯片、存储器、视放有故障
检修方法和步骤	❶ 检测超级芯片各引脚电压，没有发现异常 ❷ 检测高频头各引脚电压，基本正常，更换高频头故障依旧 ❸ 怀疑 AGC（自动增益控制）数据有异常。将遥控器对准电视机接收窗，快速按三下"0"，屏幕上出现"D"字符，表示进入总线菜单，再按数字键"1"进入总线菜单 1，将第一项（RF）AGC 由 10 增至 29，按电源开关退出总线菜单 ❹ 重新开机搜台，一切正常，故障排除

故障现象	无图像、无伴音
维修机型	TCL AT2165 机型，超级芯片采用的是 TDA9376
故障分析	无图像、无伴音的故障原因可能在预视放之前的电路，主要有：高频头、高频头供电电路、预中放、声表面波滤波器、中频放大与解调电路（超级芯片内部）等
检修方法和步骤	❶ 开机判断故障范围，指针式万用表挡位置于欧姆挡，红表笔接地，黑表笔触及预中放管 Q101 的基极，屏幕没有反应，也没有噪声 ❷ 接着触及预中放管 Q101 的集电极，屏幕有强烈的反应，也有噪声 ❸ 测量预中放管 Q101 的各极电压，集电极电压为 0V。检查后发现限流电阻 R111 断路。更换电阻，故障排除

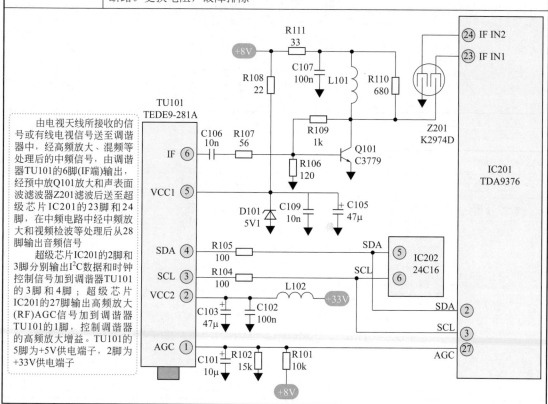

由电视天线所接收的信号或有线电视信号送至调谐器中，经高频放大、混频等处理后的中频信号，由调谐器 TU101 的 6 脚(IF 端)输出，经预中放 Q101 放大和声表面波滤波器 Z201 滤波后送至超级芯片 IC201 的 23 脚和 24 脚，在中频电路中经中频放大和视频检波等处理后从 28 脚输出音频信号

超级芯片 IC201 的 2 脚和 3 脚分别输出 I²C 数据和时钟控制信号加到调谐器 TU101 的 3 脚和 4 脚；超级芯片 IC201 的 27 脚输出高频放大(RF)AGC 信号加到调谐器 TU101 的 1 脚，控制调谐器的高频放大增益。TU101 的 5 脚为 +5V 供电端子，2 脚为 +33V 供电端子

故障现象	有伴音无图像
维修机型	TCL AT34189B 机型 /UL21 机芯
故障分析	因为有声音，所以判断电源基本正常，应是行部分没有工作
检修方法和步骤	❶ 首先测量超级芯片 TDA9373 工作电压，发现 8V 供电电压为 0V。这个电压来自电源部分，经三端稳压器 LA7808 提供，断开稳压块输出脚，8V 电压基本正常，表明 8V 负载有短路 ❷ 脱开超级芯片 14 脚、39 脚，8V 负载短路故障还不能排除，仍无电压。表明短路点在超级芯片外围 ❸ 最后查出三极管 Q903 引脚过长，导致对地短路。处理后，开机听到高压声，灯丝点亮，表明行部分已工作。但此时观察屏幕为黑屏，且最下部有一条水平亮线

续表

检修方法和步骤	❹ 重新检测 8V 工作电压，结果发现只有 5V。IC804（LA7808）1 脚电压为 8V，C838 两端为 13V，正常 ❺ 最后查出 Q802（S8550）损坏，更换 Q802 后，故障排除。由于先前的 8V 负载短路，引起 Q802 损坏，导致超级芯片供电不足，结果使场激励信号畸变，引起这种奇特的水平亮线

5.9 彩色故障检修

5.9.1 无彩色

故障现象	无彩色
故障分析	这里的无彩色故障是指电视机有稳定的黑白图像。超级芯片中设有专门的副载波振荡电路，彩色副载波是由微处理器中的时钟信号经分频后产生的，当时钟偏离正常值时，就有可能导致无彩色的现象，此时，应对超级芯片外部的时钟振荡进行检查。在维修无彩色故障时，若替换外部晶振无效，就只能进入总线调整相关项目数据；若还不能排除故障，则一般是存储器不良或软件数据紊乱；最后再考虑更换超级芯片

5.9.2 彩色不正常

故障现象	彩色不正常
彩色不正常的主要原因	彩色不正常的主要原因是总线数据不正常、超级芯片本身损坏、末级视放电路和显像管存在故障等。在维修过程中，若将电视机的色饱和度调节到最小，黑白图像正常，则是 I²C 总线数据错误或超级芯片内部电路损坏；若将色饱和度调到最小后，黑白图像仍然偏色，则是超级芯片内部的 RGB 三基色信号处理电路、末级视放电路和显像管中的某一部分出现故障，可通过测量显像管各阴极电压和视放管各极工作电压来判断具体故障部位
显像管造成彩色不正常	显像管造成彩色不正常的主要原因有显像管本身老化或电子枪发射电子的能力减弱。判断显像管是否老化一般采用瞬间短路法，即用万用表一支表笔瞬间将显像管的阴极对地短路，若短路后屏幕上能出现代表阴极短路很浓的彩色，则判断显像管无故障；反之，则为显像管故障
单基色故障	单基色故障现象：屏幕上只有单一的红色、绿色或蓝色
	单基色故障分析：三基色信号中，当一路损坏时，相应的显像管阴极电位降低，或两路损坏时，相应的两个阴极电位升高，就会形成单基色光栅的故障。这类故障原因出在超级芯片、存储器、基色矩阵电路（尾板）或显像管
	单基色故障检修：首先用万用表测量显像管三个阴极电压来判断故障部位。若某一路的电压特别低或特别高，说明这一路有故障

续表

单基色故障	其次可拔下显像管管座，再作测量，以区分故障部位。若拔下管座后，电压正常，则说明故障出在显像管内部，可用电击法维修或更换显像管；若电压仍不正常，则故障出在尾板电路 再次到相应基色的一路中，用万用表作电阻测量来寻找击穿（短路）或断路的故障元件 由于这类故障的范围较明显，所以经仔细观察、确认故障现象后，可直接到红（绿或蓝）一路中去查找故障元件。一般规律是本色（出故障的这种颜色）一路有故障（多为短路性故障），或其他两色的两路有故障（多为断路性故障）；前者光栅很亮并伴随亮度失控，后者光栅亮度正常且亮度不失控（因为这时只有一路正常工作） 大部分机内设有束流过流保护电路，会引起屏幕上出现单色光栅后而自行消失的故障现象。可脱开保护电路，短时间开机，以方便观察故障现象，判断故障部位
缺基色偏补色	缺基色偏补色故障现象：接收彩色图像时，在屏幕上重现的彩色图像颜色单调，缺少鲜艳逼真的特征。接收标准彩条时，画面缺少红色（绿色或蓝色）偏青色（紫色或黄色）。如将色饱和度关之最小，黑白图像也不正常
	缺基色偏补色故障原因：三基色信号在恢复中丢失了一种基色信号，屏幕上就会出现补色。在没有接收电视节目时，如果三束电子中有某束截止，则屏幕上的光栅就只有两色合成，必然会出现补色光栅。故障部位基本同单基色故障
	缺基色偏补色故障检修：由于三个视频放大器的电路结构完全相同，可以采用电压法和信号交换法进行判断 首先用电压法检测，如果发现显像管某一阴极电压特别高，另两个阴极正常；或某一基色输出管基极电压特别低，另两管基极电压正常等，就说明电压异常的这一路有故障。采用厚膜电路的与此相仿 如果在检测中发现显像管两阴极电压正常，而另一个阴极电压低且不稳定，拔下显像管管座电压又变为0V，则说明该阴极这一路已开路。用电阻法检查就可发现断路元件 为了快速区分故障部位，可通过插拔显像管管座来判断。若拔下管座后电压、电阻值正常，插上后不正常，则故障出在显像管上；若拔下管座后，电压、电阻值仍不正常，则故障出在尾板电路或之前电路
彩色斑块	故障现象：屏幕上呈现不规则的彩虹或某个部位有彩斑，彩斑的大小及位置无规律
	故障原因：显像管磁化引起的
	维修要点：该故障发生的部位在开关电源中的自动消磁电路。一般常见为消磁电阻损坏，除此之外还应检查消磁线圈的插排是否接触不良、是否有虚焊等。排除方法是更换消磁电阻，在保证机内消磁电路正常的情况下，若磁化严重，也可采用机外消磁法消磁 如显像管内荫罩板变形，也会出现色斑，可将电视机倒转方向放一段时间，看是否好转，否则，只有更换显像管

▶ 5.9.3 实战 36——彩色故障维修实例

故障现象	图像偏青色
维修机型	TCL-AT2565A 机型
故障分析	根据故障现象可以判断故障应出在视放级有关电路

故障现象	有图像和伴音，但光栅是绿色的
维修机型	创维 21ND9000A 机型，超级芯片采用的是 TDA9370
故障分析	故障可能在显像管、视放、超级芯片、存储器、解码电路等
检修方法和步骤	❶ 先从软件入手。怀疑软件白平衡不好，进入总线维修状态，调试后基本正常，但关机重启后，故障依旧 ❷ 测量三个阴极电压，红阴极电压为 148V，基本正常；蓝阴极电压为 154V，基本正常；绿阴极电压为 110V，偏低。测量三基色输入电压，红基色为 2.4V，正常，蓝基色为 2.3V，正常，绿基色为 3.8V，偏高 ❸ 检查白平衡自动调整电路的黑电平检测元件，发现绿基色暗电流检测电阻 R524 断路。更换高电阻，故障排除
总结	绿基色暗电流检测电阻损坏后，造成每次开机检测时，CCC 电路误判断为绿阴极电流偏小，为达到白平衡，自动增大绿基色信号强度，结果造成实际图像偏绿的故障现象

故障现象	有图像和伴音，但光栅偏绿色
维修机型	创维 21ND9000 机型
故障分析	光栅偏绿色可能是解码电路、显像管、超级芯片、存储器白平衡数据等有故障
检修方法和步骤	❶ 测量三个阴极电压，红阴极电压为 148V，正常；绿阴极电压为 111V，不正常（偏低）；蓝阴极电压为 154V，正常 ❷ 测量三基色输入电压，红基色为 2.4V，正常；绿基色为 3.8V，偏高；蓝基色为 2.3V，正常 ❸ 怀疑白平衡参数异常，进入总线维修状态，调试奇偶可以调到基本正常，但是重新开机后，故障依旧 ❹ 怀疑超级芯片 TDA9370 不良。更换后，故障没有排除 ❺ 再次检查绿视放输出电路。发现绿基色暗电流电阻 R524 开路。更换该电阻后，故障排除
总结	电阻 R524 开路，造成每次开机检测时，CCC 电路误判为绿阴极电流偏小，为达到白平衡，自动增大绿基色信号强度，结果造成实际图像偏绿的故障现象。

故障现象	偏绿色
维修机型	康佳 P2977S 机型，超级芯片采用的是 VCT381A
故障分析	故障可能在超级芯片、尾板视放放大电路、自动白平衡调整电路等
检修方法和步骤	❶ 测量显像管三个阴极电压，红阴极电压为 142V，绿阴极电压为 104V，蓝阴极电压为 144V。绿阴极电压不正常 ❷ 测量尾板插座 XP501 上输入的三基色电压值，其中红基色为 4.1V，绿基色为 4.9V，蓝基色为 4.0V ❸ 继续检查发现电阻 R507 开路，更换该电阻，故障排除

5.10　伴音故障检修

5.10.1　有光栅、有图像、无伴音

故障现象	有光栅、有图像、无伴音
故障分析	有光栅、有图像表明开关电源电路、公共通道、扫描电路、控制系统及存储器故障条件基本正常；而无伴音的故障主要部位在第二伴音通道上，即应从声、像分离点（预视放后）向后检查 　　在 21in、25 in、29 in 和 34 in 等多种规格彩电中，伴音处理电路的区别在于是否加入音效处理电路
故障检修	输入 AV 音频信号，如果有声音，故障多在超级芯片组成的伴音中频处理电路上，否则，故障多在后级相关音频处理电路和功放电路中。这时，应从音频末级向前检查，一般可很快排除故障。从检修的角度来看，可将伴音通道分为伴音中频解调和伴音功放两大部分。对伴音功放部分，通常采用干扰法来判断各级是否正常，而对于伴音中频解调部分，虽然有时也可采用干扰法来判断，但在一般情况下，如果外围电路没有发现明显问题，则可采用替换的办法来解决

5.10.2　实战 37——伴音问题故障维修实例

故障现象	音量不能控制，在 1～100 的音量大小不能变化
维修机型	长虹 PF29118 机型
故障分析	由此故障情况看，应从几方面进行检修： 　❶ 总线数据：OPT1：F0、OPT2：68、OPT3：C6、OPT4：DF ；务必设置在正常状态 　❷ 维修关键部位：CH05T16021 本身及其 7 脚音量控制、8 脚静音控制和它们的外围电路 　❸ 对于伴音功放的集成电路 TDA8944J 和 TDA8944AJ 不能互相代用，因为 TDA8944J 不带音量控制，TDA8944AJ 带音量控制，其 13 脚为音量控制脚，电压为 0～3V
检修方法和步骤	此机为伴音控制电路的问题，经检测，TDA8944AJ 损坏，更换后，故障排除

故障现象	无伴音
维修机型	TCL N21K3 机型，超级芯片采用的是 TMPA8803CSN
故障分析	故障可能在：伴音电路、TV/AV 切换电路、静噪控制等
检修方法和步骤	❶ 用万用表欧姆挡测量扬声器，发现扬声器 B2 断路。因为扬声器 B1、B2 是并联的，因此，无伴音故障还是没有排除 　❷ 测量 9 脚 VCC 电压为 0V，检查 +16V 供电电源正常。说明供电电源有断路情况发生，检查后，发现限流电阻 R601 开路

续表

检修方法和步骤	③ 用电阻法测量 9 脚正反电阻，阻值几乎为 0Ω。说明伴音厚膜已经击穿 ④ 更换伴音厚膜、限流电阻 R601，扬声器 B1 伴音正常 ⑤ 更换扬声器 B2，故障排除

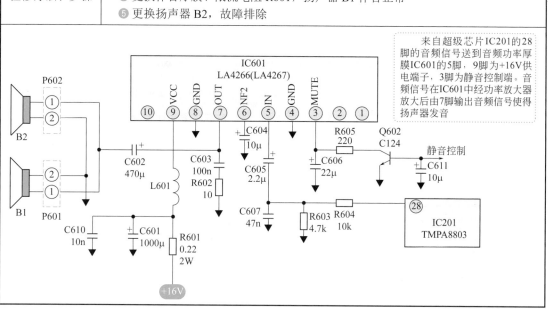

来自超级芯片 IC201 的 28 脚的音频信号送到音频功率厚膜 IC601 的 5 脚，9 脚为 +16V 供电端子，3 脚为静音控制端。音频信号在 IC601 中经功率放大器放大后由 7 脚输出音频信号使得扬声器发音

故障现象	无伴音
维修机型	TCL N21K3 机型，超级芯片采用的是 TMPA8803CSN
故障分析	故障可能在：伴音电路、TV/AV 切换电路、静噪控制等
检修方法和步骤	① 用万用表欧姆挡测量扬声器，扬声器 B1、B2 是正常的 ② 测量 9 脚 VCC 电压为 +16V，基本正常 ③ 脱焊下静噪控制三极管 Q602 的集电极试机，伴音正常。说明是静噪电路起控 ④ 继续检查后，发现 Q602 集电极与发射极击穿，更换 Q602，故障排除

151

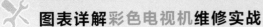
故障现象	无伴音
维修机型	TCL AT34276 机型，超级芯片采用的是 TDA9373
故障分析	故障可能在超级芯片、伴音电路或 TV/AV 切换电路
检修方法和步骤	❶ 测量伴音功放 IC602 各脚电压都基本正常。用干扰法输入信号，有杂声出现。说明故障在此之前 ❷ 检查伴音前置电路 IC601(NJW1136)，没有发现问题，更换该集成电路，故障还是没有排除 ❸ 检查超级芯片有关伴音的引脚。当表笔测量到超级芯片 IC201(TDA9373) 的 31 脚时，扬声器有断断续续的声音。检查 31 脚外围元件电容 C226，有漏电现象。更换该电容，故障排除

故障现象	TV/AV 情况下均无伴音
维修机型	康佳 P2977S 机型，采用的是 VCT381A 超级芯片
故障分析	故障在伴音功放电路
检修方法和步骤	❶ 测量伴音厚膜各引脚电压。7 脚供电电压为 +25V，正常；4 脚、6 脚电压为 +13V，也正常；3 脚、8 脚电压为 0V，不正常（正常值为 13V）；1 脚、9 脚电压为 4.2V，不正常（正常值为 12V） ❷ 测量 3 脚、8 脚对地正反电阻为 0Ω，说明存在有电路问题。最后检查发现 C296 击穿。更换该电容，故障排除
总结	3 脚为中点电压参考端，8 脚为反相输入端，C296 击穿对地电路，导致功放厚膜不能正常工作，从而导致无伴音

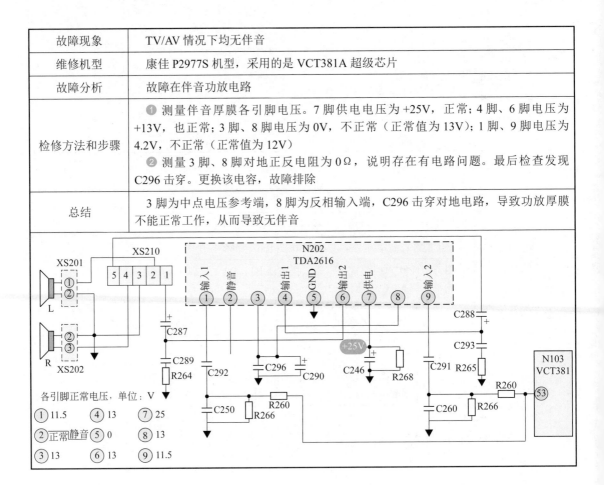

5.11 保护电路的检修

5.11.1 几种保护电路形式

几种保护电路形式	
显像管束流保护	显像管束流保护在显像管过亮时启动，通常引起显像管过亮的原因有如下几种情况：一是显像管驱动供电（180 ～ 200V）过低，二是加速极电压过高，三是显像管 R、G、B 驱动管中有一只或两只击穿，四是显像管内阴极碰极，五是亮度电路或 ABL 电路控制异常
场失落保护	场失落保护的目的是防止荧光粉局部温度过高而灼伤，即不能有过高亮度的水平亮线出现。所以，场失落保护是在荧光屏没有亮的时候就已经保护了。CRT 电视的场失落保护原理是通过检测场逆程脉冲来实现的。CRT 电视场失落保护的措施有两大类：采用飞利浦电路的一般都是由 CPU 执行关机，采用东芝电路的一般是 IC 内部消隐电路动作或是外部专用消隐电路动作 对于场失落保护，由于采样的信息是场逆程脉冲信息，所以是不能断开保护电路来进行检修的。因为一台不是场失落保护的电视如果断开场失落保护电路，反而就变成场失落保护了。只能采用电阻法、电压法进行检测，查找故障
X 射线保护	CRT 电视的 X 射线保护的目的是防止过量的 X 射线辐射和过高的逆程脉冲损坏行管。X 射线的保护原理是对行逆程幅度进行整流，通过检测经过整流的直流电压来执行硬件或者软件关机。X 射线保护措施一般都是执行关机 对于 X 射线保护，由于采样的信息是直流，所以我们可以短暂的采取断开电路或者降低采样直流电压的方法来判断是否是电路保护动作（最好是直流电压检测）
过压保护	过压保护主要有开关电源过压保护和行输出过压保护，其保护目的是防止电源开关管及行管过压而损坏，保护原理一般是采用取样电阻进行取样，用直流电压来控制无电压输出或关机 对于过压保护，可以短暂的采取断开电路或者降低采样直流电压的方法来判断是否是电路保护动作
	彩电保护电路动作后的常见故障现象是"三无"，而保护电路动作的原因有两种情况：一是被保护电路确实有问题；二是被保护电路没有问题，而是保护电路本身有问题。当保护电路动作后，不能急于将保护电路断开，而应该先做一些常规检测，判断故障到底是在保护电路还是在被保护电路，然后再做进一步的检查，最终找到故障点 理解了以上保护原理，只要采取正确的检修思路就可以在较短的时间内找到故障点，从而排除故障

5.11.2 实战 38——其他方面故障维修实例

故障现象	开机不能工作，指示灯不停闪动（即在开机 / 待机状态之间转换）
维修机型	TCL AT2528 机型，超级芯片采用的是 TMPA8859
故障分析	根据故障现象，有可能是保护电路动作而引起的

续表

检修方法和步骤	❶ 将待机控制管 Q823 拆卸下来。开机有光栅，但光栅模糊有散焦雾状 ❷ 怀疑场输出电路有问题，测量 IC301(TDA8177) 的场输出端有 -3.5V 的直流电压。正常工作时，它应只有交流脉冲输出，不应有直流电压，这说明 IC301 有故障 ❸ 测量场输出的供电电压为 0V，正常应为 +14V。经检查，发现 D406 整流二极管击穿 ❹ 更换 D406、TDA8177 后试机，一切正常
总结	IC301 是采用正负电源供电场扫描厚膜，当场扫描厚膜有故障时，场偏转线圈中就无锯齿波电流通过，不能控制电子束正确垂直扫描。这样会使荧光屏的光栅呈不规则的模糊光栅，使电子束无控制地打在显像管锥部，容易造成显像管切颈。因此，该机芯设计了场扫描脉冲对超级芯片输入信号后才能维持整机正常工作的电路。当场输出以及该信号送至超级芯片的路径元件有故障时，超级芯片没有得到场输出的脉冲信号，CPU 会自动发出关机指令。此时不能马上开机，否则，依然是关机

故障现象	开机有高压，光栅没有出现就自动关机
维修机型	康佳 T25SK076 机型，超级芯片采用的是 OM8373
故障分析	SK 系列的机子保护电路有场失落保护和 X 射线保护。场失落保护是通过 OM8373 的 50 脚检测的，X 射线保护是通过 OM8373 的 36 脚检测的。 对于 X 射线保护，采样的信息是直流，所以我们可以短暂的采取断开电路或降低采样直流电压的方法来判断是否保护动作。而对于场失落保护，由于采样的信息是场逆程脉冲信息，我们是不能断开保护电路来进行检修的，只能采取电阻法、电压法进行检查与判断故障
检修方法和步骤	检查后，发现是电阻 R452 开路，更换电阻后，故障排除

故障现象	一开机就保护
维修机型	TCL AT25228 机型，超级芯片采用的是 TMPA8809
故障分析	打开电源，不等光栅出现就自动关机，怀疑是保护电路起控
检修方法和步骤	❶ 脱焊开存储器总线后开机，看到屏幕上有部分白光栅，故障不在保护电路。故障可能在场扫描电路 ❷ 测量场厚膜 TDA8177 各脚电压，发现 4 脚没有 -14V 电压。继续检查，发现 R406 电阻开路。更换该电阻，故障排除

故障现象	屏幕顶部有黑条干扰
维修机型	TCL NT25228 机型 /US21 机芯
故障分析	有无画面都有该现象且不同画面干扰强弱不一样，故障可能是场电路串进了干扰引起或 ABL 电路有问题
检修方法和步骤	❶ 检查场输出级滤波电容，都没问题。检查场振荡级外接电容，基本正常 ❷ 更换超级芯片，故障依旧 ❸ 调节加速极，当加速极电压调到某个点上时干扰最大，其他点都小一些，怀疑 ABL 电路有问题。用示波器观察其波形，发现有一干扰波输入到超级芯片的 27 脚，更换其外接的滤波电容（10μF/16V），故障排除

故障现象	不能接收 H 段节目
维修机型	TCL AT34187 机型，采用超级芯片 OM8373, 属于 UL21 机芯
故障分析	故障可能在超级芯片、存储器、高频头等
检修方法和步骤	❶ 开机，在电视机处于自动搜索状态下，测得高频头 L/H 端子上无高电平。脱开高频头 L/H、U/V 两脚，再测，仍无频段切换电压 ❷ 表明故障与高频头无关，故障应出在 R105 和译码电路 D102、Q103、Q104 上，仔细检查发现 D102、Q103、C124 均损坏。更换这几个元件后，故障排除

故障现象	反复自动关机
维修机型	康佳 P29SK067 机型，超级芯片采用的是 OM8373
故障分析	开机后图像、伴音是正常的，几分钟后就反复自动关机。怀疑是元件因热稳定性差引起的或超级芯片有问题
检修方法和步骤	❶ 先检查保护电路，没有发现异常 ❷ 更换超级芯片、存储器，故障依旧 ❸ 检测超级芯片的 50 脚黑电平，电压正常 ❹ 怀疑是行不起振，检查超级芯片的 25 脚外围电阻，发现 R120 变质后，阻值增大。更换该电阻，故障排除

第 6 章

品牌机典型应用及故障分析、检修

6.1 东芝 TMPA88×× 系列检修常识

▶ 6.1.1 东芝 TMPA88×× 系列内电路结构

　　TMPA8×× 系列常用芯片有 TMPA8807、TMPA8809、TMPA8829 等，共有 64 个引脚，主要由中央处理器（CPU）、内存（ROM、RAM）、压控振荡器、图像控制器（CCD）、基带处理器、亮度处理器、场处理器、行处理器、PIF 处理等模块构成，其内部电路如下图所示。

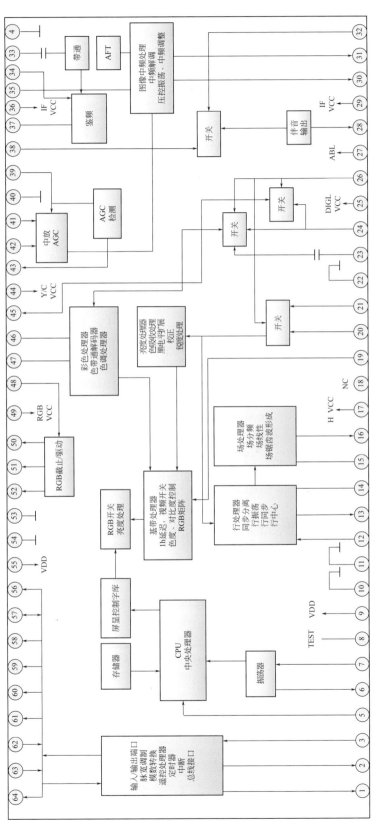

TMPA8803/TMPA8823内电路方框图

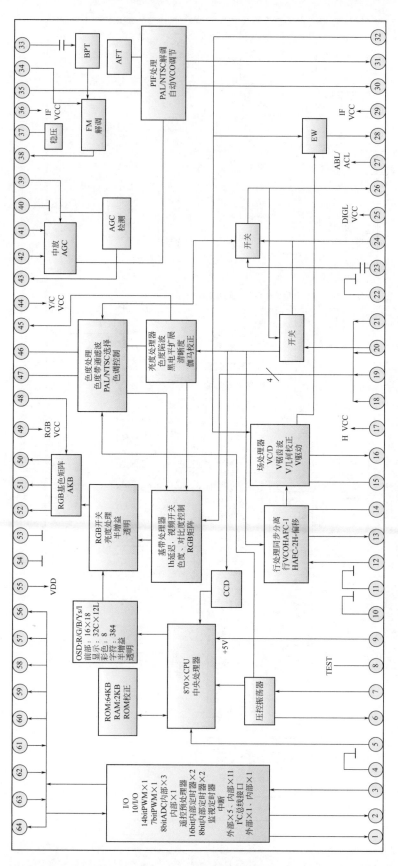

TMPA8807/TMPA8809/TMPA8829内电路方框图

▶ 6.1.2 东芝 TMPA8803 机芯典型应用

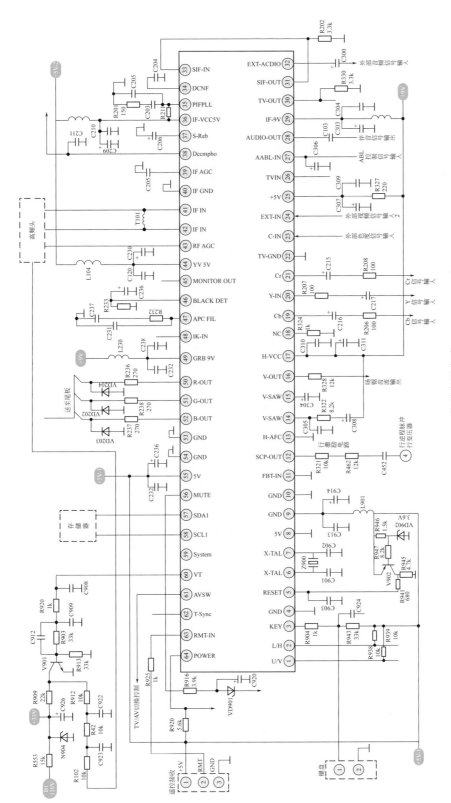

TMPA8803典型应用电路

► 6.1.3 TMPA8823 在长虹 CN-18 机芯中典型应用

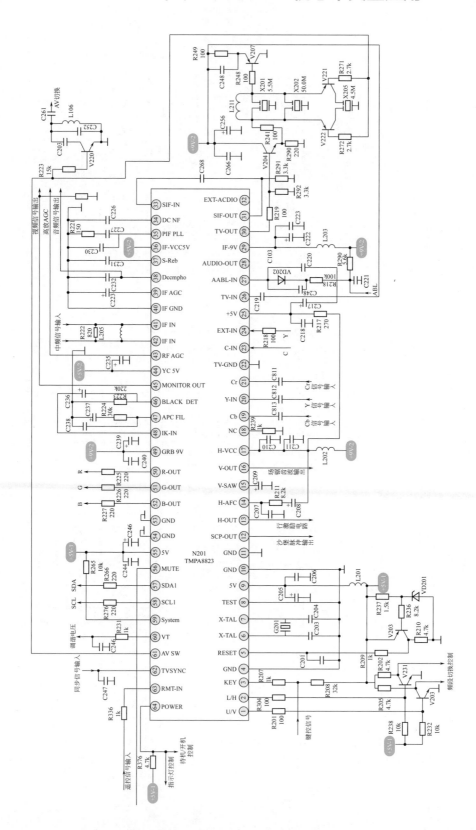

▶ 6.1.4　TMPA8829 在长虹 CN-18 机芯中典型应用

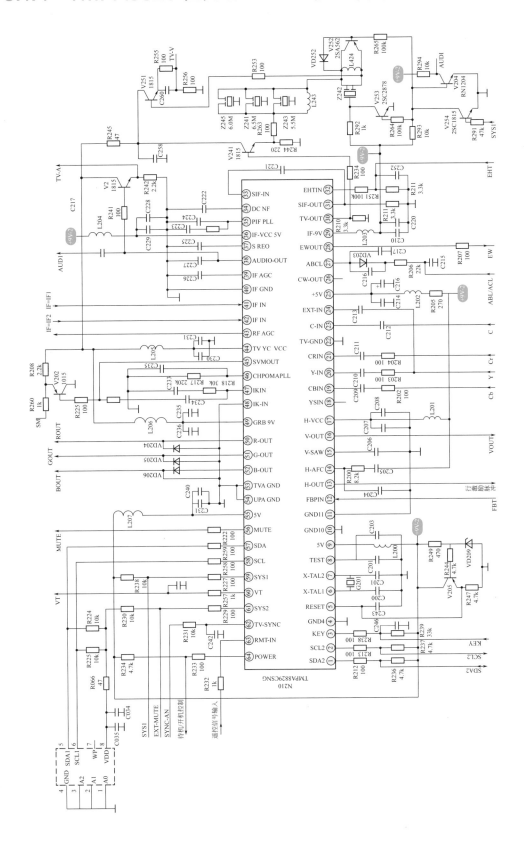

6.2　飞利浦 TDA93×× 系列检修常识

6.2.1　飞利浦 TDA93×× 系列内电路结构

（1）TDA9370/TDA9380 内电路结构

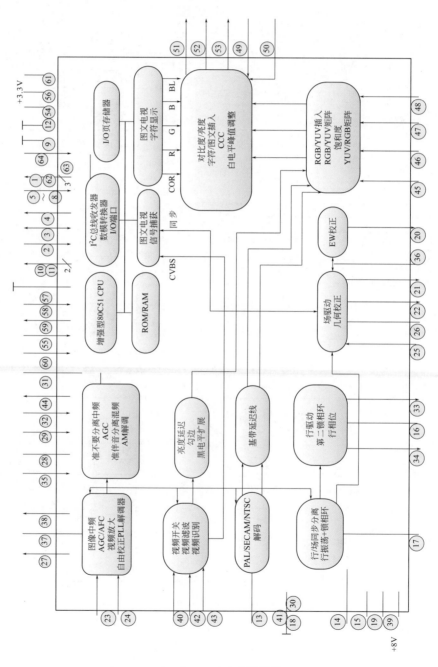

TDA9370/TDA9380内电路结构

（2）TDA9373/TDA9383 内电路结构

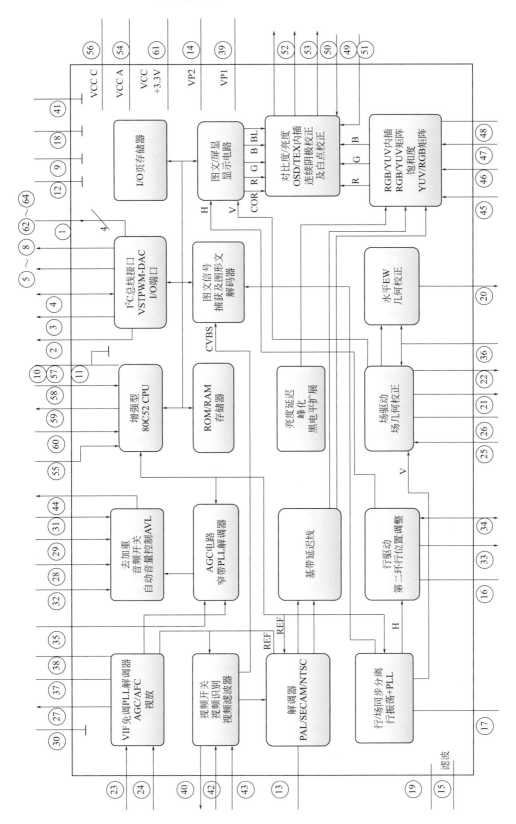

6.2.2 飞利浦 TDA9380/9383 机芯典型应用

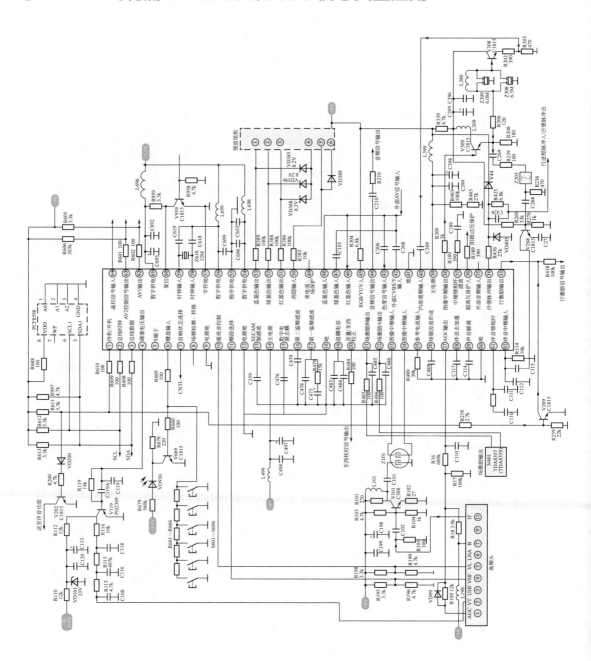

6.3 三肯 VCT380××× 系列检修常识

6.3.1 三肯 VCT380××× 系列内电路结构

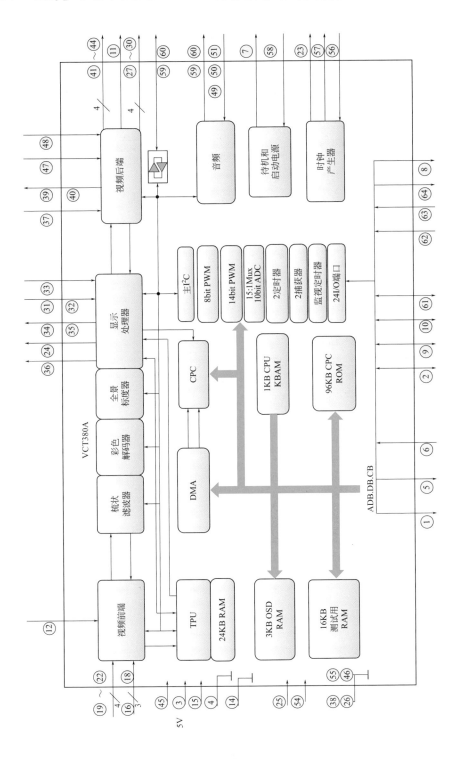

▶6.3.2 VCT380×××在康佳S机芯中典型应用

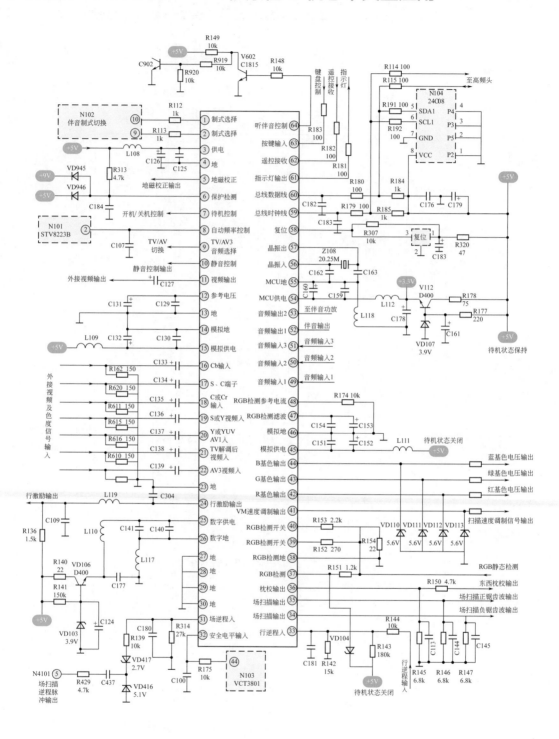

6.4　三洋 LA7693× 系列检修常识

6.4.1　三洋 LA7693× 系列内电路结构

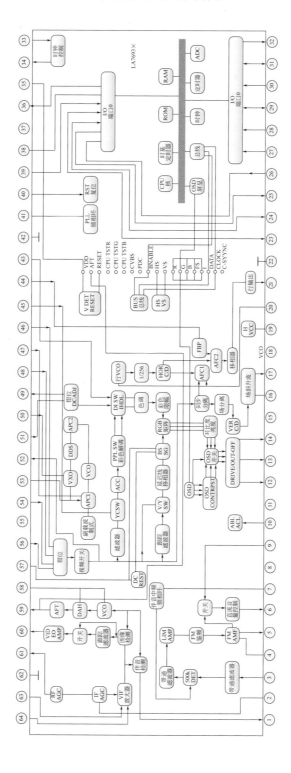

▶ 6.4.2 LA76931 在长虹 CH-13 机芯中典型应用

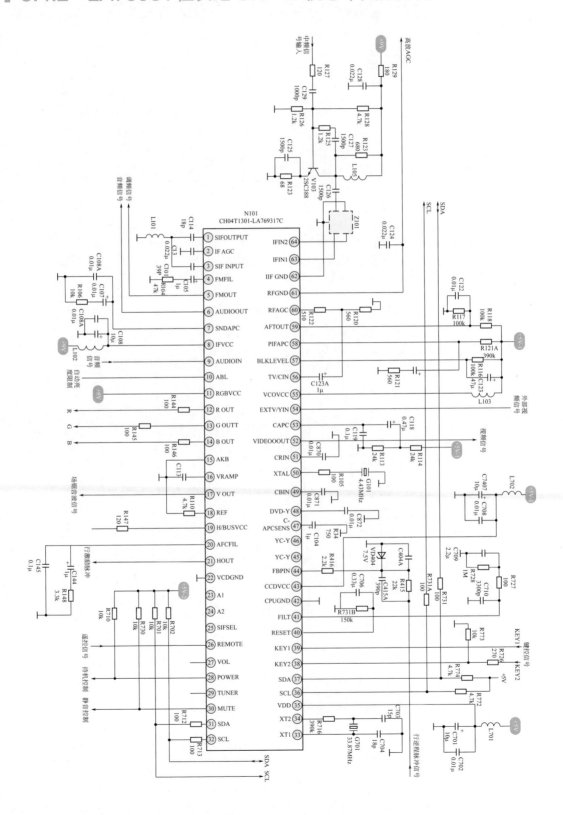

▶ 6.4.3　LA76930 在 TCL Y 机芯中典型应用

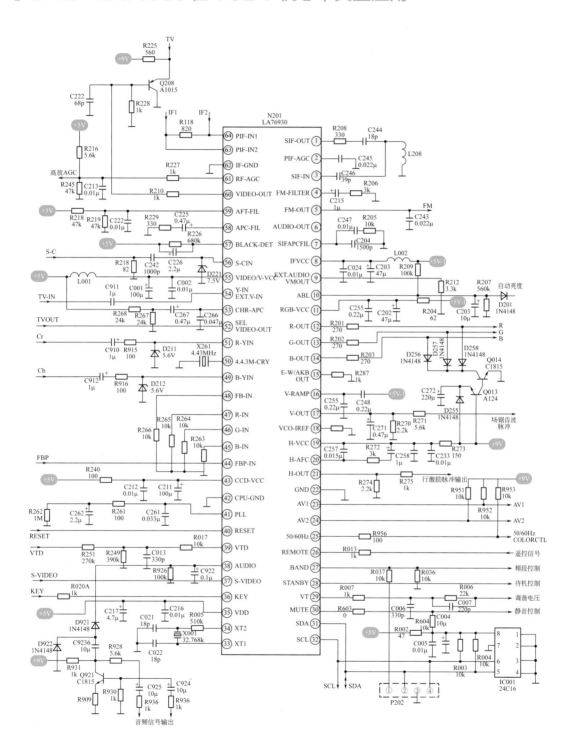

6.5 品牌机典型实战案例

▶6.5.1 实战39——全无、三无、黑屏故障维修实例

故障现象	雷击后指示灯亮，三无
维修机型	TCL T2570U-CR，该机采用超级芯片 TDA9373PS，属于 UL21 机芯
故障分析	根据故障现象分析，可能是行扫描电路损坏
检修方法和步骤	❶ 开机，测量 +B 的电压在 60V 左右摆动，正常为 135V ❷ 接上假负载，再测量 +B 电压为 135V 正常，表明电源基本正常，故障出在行扫描电路部分 ❸ 断开行输出管 Q402 的基极，把假负载改接到 Q402 的集电极，开机测量电压为 135V 正常。表明超级芯片、存储器问题不大，故障在行输出级的可能性大 ❹ 行输出变压器 T402 的 1 脚经限流电阻 R431 向场扫描 IC301 的 3 脚供电，T402 的 2 脚经限流电阻 R432 向场扫描 IC301 的 6 脚供电，T402 的 10 脚经整流二极管 D404 向视放级供电。脱开 T402 的这三路负载开机，电源电压输出正常，表明这三路负载中有短路现象存在。关机，依次连接这三路负载，发现当电阻 R431 接入电路时，故障出现 ❺ 测量 IC301 的 3 脚对地电阻，阻值较小，其外围元件又没有损坏，故判断场厚膜 IC301 损坏。用良品更换，故障排除

T402, R431, R432, 3, IC301, 6, 10, D404, +190V 视放

故障现象	三无，指示灯亮
维修机型	TCL AT25U159 机型，采用超级芯片 TDA9383
故障分析	三无故障的范围较大，可能是显像管及供电电路、部分电源电路、超级芯片、行场扫描电路、保护电路等有问题
检修方法和步骤	❶ 测量开关电源各组输出电压，基本正常。检查复位、时钟电路，未发现问题 ❷ 按开机键，测量 TDA9383 的 1 脚电压为关机高电平。试将 1 脚接地强行开机，屏幕出现一条水平亮线，表明场扫描电路有故障 ❸ 测量场厚膜 IC301(TDA8359) 的 6 脚供电电压为 0V（正常为 45V）。测得供电端对地正反电阻值几乎为零，脱开再测还是几乎为零，表明场厚膜损坏 ❹ 更换场厚膜 TDA8359，故障排除

故障现象	电源指示灯微亮，面板按键和遥控器操作都不起作用
维修机型	长虹 SF2111 机型，超级芯片采用的是 TDA9370
故障分析	超级芯片的工作条件可能不具备、存储器有问题
检修方法和步骤	❶ 测量超级芯片的工作电压，发现 5V-1 电压只有 +3V ❷ 脱焊下 5V-1 后级负载，该电压恢复正常值。说明 5V-1 负载有短路现象 ❸ 用正反电阻法逐个排查后级各负载，发现存储器 N200 的 8 脚对地电阻较小。脱焊开 8 脚，再次测量 8 脚正反电阻，几乎为 0Ω。此时，测量 5V-1 电压为 +5V，恢复正常。说明存储器内部短路 ❹ 更换存储器，进入维修状态，对整个维修项目及数据进行核查、调整，故障排除

故障现象	指示灯点亮，但不开机
维修机型	TCL AT2190 机型，该机采用的是 TDA9370 超级芯片
故障分析	怀疑是行扫描电路没有工作引起
检修方法和步骤	❶ 检测电源电路的各电压输出，基本正常 ❷ 检查超级芯片的工作条件：+5V 供电、复位、时钟振荡、+3.3V 供电、总线（SCL、SDA），都基本正常 ❸ 检查待机 / 开机输出电平，也基本正常 ❹ 检测行输出电压 33 脚，没有电压。33 脚有一个 8V 电压经 R220 给行输出供电，测得 R220 的 8V 供电正常，更换 R220（1.8kΩ），故障排除

故障现象	雷击后三无
维修机型	TCL AT2575S 机型，该机采用的是 TMPA8829 超级芯片
故障分析	雷击后的机子，往往击穿的元器件较多，应逐一进行排查
检修方法和步骤	❶ 检查发现电源厚膜 IC801 已经炸裂，光耦 IC802 也已损坏。更换电源厚膜和光耦 ❷ 断开各路负载，将待机控制三极管 Q833 集电极对地短路，在主电源 +B 端接上假负载。开机后，测得 +B 电源电压为 135V，基本正常

检修方法和步骤	❸ 去掉假负载试机，仍然三无。检查待机控制三极管，发现 Q833 已经损坏。更换 Q833，故障依旧 ❹ 检查各负载电路。发现 IC804（7805）输出端正反电阻值较小，脱焊下后判断为击穿，更换 IC804 后，故障没有排除 ❺ 继续检查后，发现 +9V 负载有短路现象。逐个排查后，发现是音效控制电路 IC601(TA1343N) 击穿。更换 IC601，故障排除

故障现象	黑屏，调高加速极电压后，屏幕出现水平一条亮线
维修机型	康佳 P2977S 机型，采用的是 VCT381A 超级芯片
故障分析	故障应在场扫描电路
检修方法和步骤	❶ 测量场厚膜 N401(TDA8177) 各引脚电压，都基本正常 ❷ 用交流电压挡测得 N401 的 5 脚扫描输出端有 15V 的交流电压（正常值为 6.5V 左右），场偏转线圈对地交流电压均为 15V，场偏转线圈两端交流压降为 0V，R426 两端交流压降为 15.2V，怀疑 R426 有问题 ❸ 脱焊下 R426（1.5Ω/3W），发现其开路。更换该电阻，故障排除

故障现象	指示灯点亮，但不能二次开机
维修机型	海尔 21TA1-T 机型，超级芯片采用的是 OM8370
故障分析	故障可能在超级芯片、存储器、开机 / 待机控制电路、扫描电路等

检修方法和步骤	❶ 测量超级芯片的开关机控制 1 脚电压为 2.4V，操作遥控器和按本机键盘都不能二次开机，该引脚电压始终不变。测量主电源电压为 75V，表明彩电处于待机状态 ❷ 将存储器 N202 的 5 脚、6 脚与印制板脱开后试机，能二次开机。表明存储器有问题 ❸ 用拷贝好数据的存储器代换，可以二次开机，但发现图像中心有偏移现象 ❹ 进入总线模式，调整行场重显率数据后，图像正常

故障现象	指示灯亮，不能二次开机
维修机型	TCL AT29106B 机型，采用的是 TDA9373 超级芯片
故障分析	故障可能在超级芯片、存储器、开机/待机控制电路、扫描电路等
检修方法和步骤	❶ 检查 +B 及各组电压输出均正常，按节目键灯灭 ❷ 检测 IC201（TDA9373）的 33 脚有行脉冲输出，行推动管基极有 0.4V 电压（正常），行推动管集电极电压由待机时的 +B135V 降至开机时的 95V 左右，这说明行振荡电路产生了振荡且行推动基极回路无漏电、开路、短路现象。而行推动管集电极电压既高于正常工作电压 55V 左右，又低于 +B 电压，说明行推动级完成了对行脉冲的倒相放大任务，故障是因行管基极回路开路造成行管集电极负载变轻所致，故障部位在行推动变压器次级、行管基极短路、电感及行管本身等。经仔细检查发现行推动变压器次级至行管基极之间的铜箔有开路现象，刮开绿漆补焊后，故障排除

故障现象	指示灯亮，二次不开机
维修机型	TCL 2999UZ 机型，采用超级芯片 TDA9380，属于 UOC 机芯
故障分析	故障可能在超级芯片、存储器、开机/待机控制电路、扫描电路、保护电路等
检修方法和步骤	❶ 测量 +B 端电压为 135V，正常；TDA9380 的工作电压 3.3V、+8V 均正常 ❷ 再测得行激励管 Q401 基极电压为 1.9V（正常电压约 0.7V）。这种情况多是因为超级芯片内部保护电路起控造成的 ❸ TDA9380 保护信号接入点是 34 脚、36 脚、49 脚。34 脚为行逆程沙堡脉冲输入，36 脚为超高压过压保护输入，36 脚为束电流保护输入，任一输入端异常都可能进入保护状态 ❹ 最后在路查得 34 脚这一路的 R405 几乎短路，拆下并测量与 R405 并联的 C406，发现 C406 击穿，更换电容，故障排除

故障现象	电源指示灯微亮，不能二次开机
维修机型	长虹 SF2111 机型
故障分析	故障可能在电源、超级芯片的工作条件、存储器、行扫描电路等
检修方法和步骤	❶ 在检查各供电电压时，发现 5V-1 电压只有 3.1V，明显不正常 ❷ 脱开存储器 N200(AT24C08A) 的 8 脚，该电压恢复到正常的 5V，表明存储器内部存在短路。更换存储器后，故障排除

故障现象	二次不开机
维修机型	长虹 SF3498F 机型
故障分析	故障可能在电源、超级芯片的工作条件、存储器、行扫描电路等
检修方法和步骤	❶ 测量开机 / 待机输出端电压正常。二次开机后，电源 +B 电压在 70～100V 之间变化，此故障有两种可能：行输出部分电路短路造成行电流过大；电源带载能力差 ❷ 断开负载，接 100W 灯泡，+B 电压仍偏低，说明电源本身有故障。检测电源电路时发现电阻 R808 阻值增大，更换后试机正常

故障现象	TV 黑屏 , AV 正常
维修机型	TCL NT25A11 机型，采用超级芯片 TDA9373，属于 UL21 机芯
故障分析	AV 正常 , 说明解码矩阵及视放是正常的。问题可能发生在高放及中放电路
检修方法和步骤	❶ 用万用表测 TDA9373 的 38 脚全电视信号输出端电压为 3.4V, 正常 ❷ 测 TDA9373 的 40 脚 (TV 视频信号输入端) 电压只有 0.8V（正常值 3.6V）。结果查出 C232(100nF) 耦合电容漏电 , 更换后故障排除

▶ 6.5.2 实战 40——光栅故障维修实例

故障现象	有伴音、无光栅
维修机型	康佳 P2977S 机型，采用的是 VCT381A 超级芯片
故障分析	有伴音说明电压、超级芯片基本工作条件都正常；无光栅原因多出在超级芯片内部的视频后级处理电路，以及末级视放与显像管附属电路上
检修方法和步骤	❶ 测量超级芯片的 42 脚、43 脚、44 脚电压均接近 0V，脱焊开这三个引脚，再测量其电压，电压依旧如此 ❷ 怀疑超级芯片有问题，更换后，故障排除

故障现象	黑屏，只是光栅顶部有隐约可见的一条蓝白细线
维修机型	长虹 SF2111 机型
故障分析	遥控开 / 关机正常，表明控制系统基本正常，怀疑存储器有问题
检修方法和步骤	❶ 更换存储器 N200(AT24C08A)，试机图像基本正常，但无伴音且场幅度有失真 ❷ 进入维修模式，对照资料，依据正常时的项目数据进行调整后，故障排除

故障现象	有伴音，无光栅
维修机型	TCL AT2570UB 机型，采用超级芯片 TDA9373，属于 UL21 机芯
故障分析	故障可能的电路为：显像管及供电电路、亮度电路、保护电路等
检修方法和步骤	❶ 在没有打开机壳之前开机观察电视机，发现光栅极暗，但伴音始终正常 ❷ 拆下后壳后，再开机却发现光栅亮度恢复正常，显然机内有元件虚焊现象。于是对视放板及主板进行仔细观察，没有发现虚焊点，只好将一些发热量大的元件进行补焊处理，后合盖观察，故障又重新出现 ❸ 反复多次后，终于发现并测得视放板的灯丝电压偏低，约 1.7V。光栅暗正是此原因造成的 ❹ 该机灯丝电压由行输出变压器的 11 脚输出逆程脉冲信号，经 R407 限流后送往视放板的管座灯丝引脚。用万用表测量行输出变压器的 11 脚电压，发现在表笔触碰该引脚时，该脚电压会恢复正常（交流 5V 左右），但时间不长，该脚电压就有轻微波动现象，怀疑行输出内部有接触不良的现象 ❺ 更换行输出变压器，故障排除

故障现象	水平一条亮线
维修机型	长虹 SF2111 机型
故障分析	"水平一条亮线"的故障范围应在场扫描电路，该机型属于 CH-16A 机芯，场扫描电路采用 TDA8356 厚膜，主要应检查这部分电路
检修方法和步骤	❶ 测量 TDA8356 的 3 脚供电电压为 0V，表明供电电压没有加上。测量 +16V 电源输出端电压正常，继而检查发现 R401（1Ω）断路 ❷ 检查其他元件，没有发现问题。更换 R401，故障排除
总结	若供电电压正常，可检查 VD402 是否击穿短路、7 脚至场偏转线圈至 4 脚间是否断路，经过上述检查还没有发现、排除故障，则一般需更换 TDA8356

故障现象	无光栅，有伴音
维修机型	康佳 P2962K 机型，采用的是超级芯片 TDA9383
故障分析	故障可能在超级芯片、存储器、显像管及附属电路、亮度控制电路、保护电路等。该机芯为 TDA9383，其 50 脚为黑电平检查端子，它的工作电压正常与否常会对光栅造成影响，应先重点检查。50 脚除了通过 R385 与视放输出电路相接外，还有一只钳位二极管 VD389 接到 +8V 电源上，当该脚电压过高时，VD389 导通将电压钳位在 8V，以保护超级芯片不被损坏
检修方法和步骤	❶ 将 VD389 脱焊开一端，开机后光栅正常。测量该二极管正反电阻，发现已损坏 ❷ 更换钳位二极管，故障排除

故障现象	满屏出现很亮的回扫线
维修机型	康佳 P2976S 机型，S 机芯系列

175

故障分析	满屏出现很亮的回扫线，可能是消隐电路有故障，没有消隐掉逆程扫描线；也可能是视放级得到了消隐信号，而因本身有损坏，使得没有能力来处理消隐信号；或是与之相关的关机亮点消除电路有异常
检修方法和步骤	❶ 测量显像管各极电压，发现三个阴极电压都在 +190V 左右，说明显像管处于截止状态 ❷ 阴极电压偏高，一般是超级芯片的输出电压过高所致。测量超级芯片三基色输出引脚电压为 3V 左右，也基本正常 ❸ 测量栅极电压为 120V，正常时该电压为 0V。表明关机消亮点电路有问题。继续检查发现钳位二极管 VD501 开路 ❹ 更换钳位二极管 VD501，故障排除
截止型消亮点电路原理	正常工作时，+9V 电压经二极管 VD503 对电容 C503 充电，C503 获得上正下负 8.5V 的电压，三极管 V511、V510 反偏而截止；又因为 R540 阻值远大于 R541 阻值，+200V 电压经 R541 对 C501 充电到约 200V；C502 受 VD501 钳位作用而充电至约 0.6V，显像管 G1 就保持为 0.6V，消亮点电路对显像管工作无影响 当关机时，9V 和 200V 电压迅速降低，但 C501、C503 两端电压由于其放电回路电阻较大而不会立即消失，使得电路发生了如下变化过程：+9V 降低→ UT 降低→ C503 正端电压使 V511 饱和导通→ UF 上升→ UE 上升→ V510 饱和导通→ UD 降为约 0V → UC 也降为约 0V，因 C501 两端电压不突变→ UB 降至约 -200V → UA，即显像管栅极 G1 也降为 -200V →三个阴极被截止，VD501 截止实现关机消亮点 上述过程持续约 2 ~ 3min，直到 C503 和 C501 放电完毕，三个阴极冷却到不能再发射电子为止

故障现象	光栅上部有压缩现象且有明细的亮线
维修机型	海尔 8829 机芯，超级芯片采用的是 TMPA8829
故障分析	故障可能在场扫描电路、电源电路、校正电路等
检修方法和步骤	❶ 测量场供电电压为 27V，正常 ❷ 检查电容 C303 正常；代换场厚膜 N301，故障依旧 ❸ 测量偏转线圈的电阻值为 9Ω，正常值在 7Ω。代换偏转线圈，故障排除

故障现象	开机光栅一亮一熄灭
维修机型	TCL AT29211A 机型，该机采用的是 OM8373 超级芯片
故障分析	故障可能在保护电路和超级芯片
检修方法和步骤	❶ 脱开存储器 24C32 引脚，再次开机，光栅能出现，但字符严重拉丝 ❷ 更换超级芯片，故障排除

故障现象	水平一条亮线
维修机型	TCL 2999UZ 机型
故障分析	水平一条亮线说明显像管、电源电路、行输出电路基本正常，超级芯片的工作条件也基本正常。故障范围在场扫描电路，即场振荡、场激励和场输出。因场振荡、场激励以及场锯齿波形成电路都在超级芯片中设置，场输出用厚膜 TDA8359，所以重点是要判断故障是在厚膜还是超级芯片
检修方法和步骤	❶ 测量厚膜 TDA8359 的 3 脚供电电压为 +14V，基本正常 ❷ 测量厚膜 TDA8359 的 6 脚供电电压为 0V。测量限流电阻 R305 另一端的电压也为 0V，说明该供电电压有问题 ❸ 测量行 +45V 供电电压（滤波电容 C432 两端）为 0V，继续检查发现行输出变压器的 2 脚有脱焊现象，补焊后，试机一切正常，故障排除

6.5.3　实战 41——图像故障维修实例

故障现象	TV 状态下无图像
维修机型	TCL 2999 机型

177

故障分析	图像与伴音是在预视放后分离开的，现在伴音正常而无图像，故障应该在预视放的后级电路（预视放至显像管尾板的所有电路）。但 AV 状态下，图像正常，说明视放、解码及尾板电路是正常的。TV 状态下无图像，故障范围应该在射极跟随器及 AV/TV 转换电路
检修方法和步骤	❶ 测量超级芯片 38 脚、40 脚之间的 2 个射极跟随器 Q205、Q206 各极电压，发现 Q205 电压异常。脱焊下三极管 Q205，发现其已经损坏 ❷ 更换三极管 Q205，故障排除

故障现象	图像有黑色水纹波干扰
维修机型	TCL NT29189 机型 /US21 机芯
故障分析	电源的纹波系数大、高压有打火现象等
检修方法和步骤	❶ 开始怀疑是电源滤波不良的问题，查完电源后未排除故障 ❷ 把对比度和亮度调低、调暗观察，发现故障更加明显。断开 ABL 电路，干扰就没有了。最后查明是 C415 损坏，代换 C415 后，故障排除

故障现象	有线天线仅接受一个有线电视台，其他台搜索不到
维修机型	TCL AT25189 机型
故障分析	可能发生故障的电路有：高频头、高频头供电电压、频段切换电路、同步信号处理电路等
检修方法和步骤	❶ 检查高频头 VCC、L/H、U/V、AGC 各脚电压正常，唯有 VT 脚在搜索时无 0 ~ 30V 调谐电压。怀疑 VT 脚外围元件及供电有故障，测之一切正常 ❷ 断开高频头 VT 脚与外界连线进行搜索，此时有 0 ~ 30V 变化电压，表明高频头损坏，原高频头型号为（TELE4-801A），用 TCL（1A01B、TM9801A-VS）代换后搜索正常，故障排除

故障现象	无台、蓝屏，搜台不变号，不存储
维修机型	TCL AT21228 机型，该机采用的是 TMPA8809 超级芯片
故障分析	故障可能在超级芯片、高频头、同步信号电路等
检修方法和步骤	❶ 更换存储器，无效果 ❷ 更换超级芯片，故障没有排除 ❸ 从 AV 输入信号，故障依旧。说明不是高频电路故障 ❹ 检查同步电路。发现电阻 R212 开路，造成 Q202 工作异常，输入到超级芯片 62 脚的识别脉冲不正常。更换该电阻，故障排除

故障现象	雪花淡，搜不到台
维修机型	TCL AT25189B 机型
故障分析	故障可能在公共通道、AV/TV 切换电路等
检修方法和步骤	❶ 在 AV 状态下，输入信号、图像正常。说明故障在公共通道 ❷ 在高频头的 IF 端子注入干扰信号，屏幕几乎没有反应。判断中放电路有问题 ❸ 测量预中放管 Q101 各极电压，集电极为 8V，基极为 0V，说明该管处于截止状态。脱焊下该三极管，发现发射极与基极击穿。更换该管，故障排除

故障现象	无图像，光栅呈斜条状，伴音正常
维修机型	长虹 PF29118 机型，超级芯片采用的是 OM8373PS
故障分析	故障可能在存储器、超级芯片、电源电路、行扫描电路、同步分离电路等
检修方法和步骤	❶ 伴音正常，表明电源电压基本正常，超级芯片工作条件基本正常，伴音功放正常，公共通道基本正常，故障可能在同步分离电路 ❷ 检查超级芯片 16 脚电压正常，检查 17 脚电压为 2.9V（正常值为 2.6V），异常。检查 17 脚外围元件，发现电容 C158 失效。更换电容，故障排除

故障现象	电视图像有锯齿波干扰现象
维修机型	海尔 8859 机型
故障分析	故障可能在高频头、超级芯片、中频电路，预中放电路、自动增益控制（AGC）等

检修方法和步骤	❶ 测量主电源电压基本正常 ❷ 怀疑行激励电路有故障。检查行激励三极管、激励变压器，都正常 ❸ 脱焊开枕行校正电路后，图像正常了，只是行幅度小且失真。更换三极管 V403 后，故障排除

故障现象	有字符显示，呈蓝屏且有回扫线，无图像，无伴音
维修机型	康佳 P2979K 机型，超级芯片采用的是 TDA9383P
故障分析	故障可能在超级芯片、存储器、显像管附属电路及本身、扫描电路、高中放电路等
检修方法和步骤	❶ 打开后盖，仔细观测后，发现视放板上的电阻 R502、R509 已烧焦。更换这两个电阻 ❷ 继续检查发现视放板的 V503、V504 也已损坏，更换这两个三极管 ❸ 更换以上四个元件后，开机观测出现黑屏、有字符。测量超级芯片 50 脚电压为 3.5V（正常值为 6.2V），检查外围元件没有异常。怀疑超级芯片损坏 ❹ 更换超级芯片，故障排除

▶ 6.5.4　实战 42——伴音故障维修实例

故障现象	音量不能控制，在 1～100 的音量大小不能变化
维修机型	长虹 PF29118 机型
故障分析	由此故障情况看，应从几方面进行检修： ❶ 总线数据：OPT1：F0、OPT2：68、OPT3：C6、OPT4：DF；务必设置在正常状态 ❷ 维修关键部位：CH05T16021 本身及其 7 脚音量控制、8 脚静音控制和它们的外围电路 ❸ 对于伴音功放的集成电路 TDA8944J 和 TDA8944AJ 不能互相代用，因为 TDA8944J 不带音量控制，TDA8944AJ 带音量控制，其 13 脚为音量控制脚，电压为 0～3V
检修方法和步骤	此机为伴音控制电路的问题，经检测，TDA8944AJ 损坏，更换后，故障排除

故障现象	无伴音
维修机型	长虹 SF2111 机型
故障分析	该机采用的伴音功放集成电路是 TDA8943，首先要判断其工作是否正常，然后逐步缩小故障范围
检修方法和步骤	❶ 测量 2 脚供电电压为 12V，正常 ❷ 开机，从 TDA8943 的 5 脚注入感应信号无反应，测其对地电阻已短路 ❸ 拆下 TDA8943，发现其 5 脚、6 脚间已炸裂，表明内部已经损坏 ❹ 仔细检查 TDA8943 外围元件，发现 6 脚外接电容 C605 有脱焊现象，进行补焊 ❺ 更换良品 TDA8943，试机，故障排除

故障现象	伴音小
维修机型	TCL 2999 机型，采用的是超级芯片 TDA9380
故障分析	故障可能在超级芯片、存储器、AV/TV 转换电路、伴音功放等 该机的伴音前级解调部分由超级芯片 TDA9380 内部完成，音频解调系统由 AS5891K 完成，功放由 TDA8946 完成
检修方法和步骤	❶ 试机 TV 时声音小，输入 AV 音频信号时声音正常。表明伴音处理电路及音频功放电路正常。故障应该在音频解调电路 ❷ 检查超级芯片 44 脚及外围元件和 Q202，没有发现异常 ❸ 进入维修模式，检修调整音频参数，不起什么作用 ❹ 更换超级芯片，故障依旧存在 ❺ 用拷贝有数据的存储器 24C04 代换，故障排除

故障现象	伴音失控，场幅度缩小
维修机型	长虹 PF25118 机型
故障分析	同时出现了两个互不相关的故障，可能与总线数据有关，因此，应先进入总线调整状态调整
检修方法和步骤	❶ 进入总线调整状态，将场幅度、伴音数据调整后，电视机恢复正常。同时，判断存储器性能不良，将其更换 ❷ 用户使用几天后又出现相同故障，怀疑机内有打火现象，用两只 6V 稳压管分别接到存储器的 5 脚、6 脚与地之间，故障此后再没有出现
总结	由于机内打火，造成数据丢失，加稳压管可将干扰脉冲滤除。如果打火部位较为明显，一定要先排除打火现象，否则机子还会返修

故障现象	TV 伴音小
维修机型	海尔 29F3A-P 机型，采用的是超级芯片 TDA9373
故障分析	故障可能在超级芯片、TV/AV 转换、伴音功放及存储器等
检修方法和步骤	❶ 从 AV 输入信号，音频声音正常。表明伴音功放是正常的 ❷ 该机伴音信号流程：超级芯片 N201 的 44 脚→ N701 → N601 →扬声器。TV 伴音小，但声音听起来并不失真，说明伴音解调电路基本正常 ❸ 在 N201 的 44 脚输入外接音频信号后伴音就正常了，说明是 N201 内部输出的 TV 伴音信号幅度变小而导致此故障 ❹ 更换超级芯片，故障依然没有排除 ❺ 更换存储器（24C08），试机，伴音正常。进入总线维修模式后，第四菜单中有 VOL 项目，调整其数值大小即可改变 TV 时的音量

⫸ 6.5.5 实战43——彩色故障维修实例

故障现象	黄屏
维修机型	TCL NT21A41B 机型 /UL12 机芯
故障分析	出现黄屏，应是 IC201（OM8370）色信号输出到显像管色信号合成电路出了故障
检修方法和步骤	❶ 检测 Q511、Q521、Q531 基色输入电压，发现 Q511 电压不正常 ❷ 再测 IC201（OM8370）51 脚无电压，检查外围元件，没有发现问题。怀疑超级芯片损坏。更换 IC201，故障排除

故障现象	紫光栅、紫图像，伴音正常
维修机型	长虹 SF2111 机型
故障分析	根据三基色原理可知，紫光栅、紫图像是缺少绿基色，检修的重点应放在尾板电路上
检修方法和步骤	❶ 测量尾板 KG 脚电压为 180V，表明显像管的 G 阴极截止 ❷ 检查绿阴极驱动电路，发现 VY02(3DG2482) 损坏，更换后，故障排除

故障现象	有图像和伴音，但光栅是绿色的
维修机型	创维 21ND9000A 机型，采用的是超级芯片 TDA9370
故障分析	故障可能在显像管、视放、超级芯片、存储器、解码电路等
检修方法和步骤	❶ 先从软件入手。怀疑软件白平衡不好，进入总线维修状态，调试后基本正常，但关机后重新开机，故障依旧 ❷ 测量三个阴极电压，红阴极电压为 148V，基本正常；蓝阴极电压为 154V，基本正常；绿阴极电压为 110V，偏低。测量三基色输入电压，红基色为 2.4V，正常；蓝基色为 2.3V，正常；绿基色为 3.8V，偏高 ❸ 检查白平衡自动调整电路的黑电平检测元件，发现绿基色暗电流检测电阻 R524 开路。更换该电阻，故障排除

故障现象	图像偏青色
维修机型	TCL AT2565A 机型
故障分析	根据故障现象可以判断故障应出在视放级有关电路
检修方法和步骤	❶ 首先检测显像管尾板红阴极电压为 200V，红驱动 Q512、Q513 两发射极电压也为 200V，测量插排 P503 的 1 脚电压为 0V。表明超级芯片与尾板间有断路现象 ❷ 经仔细检查，发现插排 P503 的 1 脚有接触不良现象，重新处理、补焊后，故障排除

▶ 6.5.6 实战 44——其他故障维修实例

故障现象	某些电台有干扰
维修机型	TCL AT2988U 机型
故障分析	仔细观察故障现象，每个波段的前三个电台有网状干扰，接下去有两个台较清晰，后面的电台与前三个台一样有网状干扰。怀疑公共通道通频带变窄、放大性能变差或 VT 电路不稳
检修方法和步骤	❶ 全自动选台全部能存储，但节目状况与现象一致，微调有所改善，但与正常图像比较总不理想。怀疑是 VT 电路不稳，逐个更换 VT 电路元件也不能排除故障 ❷ 逐一更换高频头、预中放及 ROM 存储器均不能排除故障 ❸ 用 0.1μF 电容跨接 SAWF，网状干扰明显减弱。故怀疑 SAWF 性能不良。更换一只优质的声表面波滤波器，故障排除

故障现象	图像正常但屏幕两侧有黑边
维修机型	长虹 SF2511 机型
故障分析	故障可能在滤波电路、高压打火、存储器数据异常等
检修方法和步骤	❶ 测量电源的 +16V、+5V、+145V 电压均正常，于是怀疑 N200（24C08）存储器数据丢失，更换一个数据完整的 N200 后，正常 ❷ 几天后该机因同样故障又返修，更换存储器后又正常。再仔细检查发现高压帽处有轻微的打火痕迹，打开高压帽，发现挂钩处都生锈了。处理高压打火部位后，交付用户。几个月后回访，电视机正常
总结	这个情况告诫我们更换存储器要仔细检查是否别处有使其数据丢失的原因，避免重复维修

故障现象	部分电台节目不能搜索
维修机型	TCL AT2165 机型，超级芯片采用的是 TDA9376
故障分析	故障可能在高频头本身、高频头供电异常、频段转换电路、存储器数据异常等
检修方法和步骤	❶ 测量高频头各引脚端子的电压值，除了 +33V 调谐电压稍低外，其余引脚电压正常 ❷ 脱开高频头 VCC2 焊点，再次测量 +33V 电压，依旧偏低。说明故障就是该电压异常引起的 ❸ 最后，检查发现滤波电容 C103 已无容量。更换滤波电容 C103，故障排除

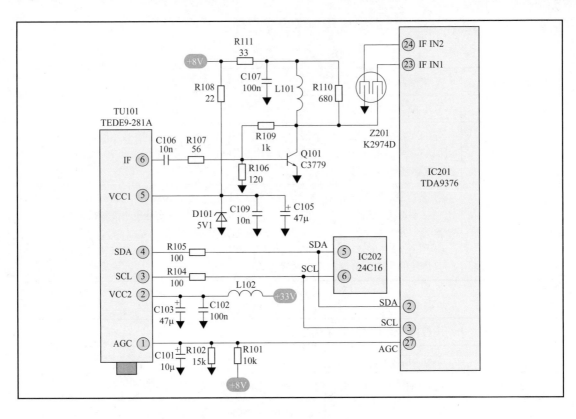

故障现象	有伴音，无光栅，关机时有闪光
维修机型	TCL NT21A41B 机型，超级芯片采用的是 OM8370
故障分析	有伴音，关机时有闪光，说明行部分电路已经工作了，显像管也是好的，故障在视放电路及解码部分
检修方法和步骤	❶ 测量阴极电压为 +200V，说明视放管处于截止状态 ❷ 调整加速极电压（增大），有暗淡的图像 ❸ 检查 ABL 电路也正常，阴极电流检测电路 BLK 脚电压约 3V，各极供电电压也正常 ❹ 更换超级芯片 IC201(OM8370)、存储器 IC101(24C16)，故障依旧 ❺ 检查发现 R231 阻值变大很多，更换该电阻后，故障排除

故障现象	自动搜索，个别频道锁不住
维修机型	TCL AT21S135 机型，超级芯片采用的是 TMPA8803
故障分析	由故障现象分析，信号处理通道是正常的，故障点应该在高频头及搜台有关的外部信号没有送至 CPU 或送到的信号非常弱。由于该超级芯片行同步分离电路由 Q202、Q203 组成，该电路从 TMPA8803 的 45 脚输出的全电视信号中分离出同步信号，送至超级芯片的 62 脚，作为收到电视信号的识别信号
检修方法和步骤	❶ 检查分离电路 Q202、Q203，发现电容 C207 漏电，使同步分离电路不能正常工作 ❷ 更换电容，故障排除

故障现象	图像伴音正常，屏幕的水平方向中间有几条约为 2mm 粗黑色的干扰线条
维修机型	TCL AT21189B 机型，超级芯片采用的是 TDA9370-A02V02
故障分析	可能由电源滤波电路或高压打火引起
检修方法和步骤	❶ 直接把主电路滤波电容更换，故障依旧 ❷ 检查其他各电压输出及滤波电容，电压基本上都正常，滤波电容也没有发现异常的 ❸ 手摸场厚膜 STV9302 散热片，感觉很烫手。更换场厚膜，故障没有排除 ❹ 细心检查场厚膜外围的所有元件，没有发现有问题的 ❺ 场厚膜如此发烫，是不是场输出负载电路有短路现象？检查后，发现是 C303 容量减小。更换该电容后，故障排除

故障现象	搜台不全
维修机型	TCL AT29281 机型
故障分析	故障可能在高频头、频段转换电路、调谐电压异常等
检修方法和步骤	❶ 经搜台发现，只有 L、U 段有节目，没有 H 段节目。检查高频头供电电压，没有发现问题 ❷ 进入工厂调整模式查看，设置没有错误 ❸ 更换高频头，故障排除

故障现象	字符正常，黑屏，无台
维修机型	TCL AT21228 机型，超级芯片采用的是 TMPA8809
故障分析	字符正常，说明电源电路、显像管及附属电路、扫描电路基本正常。故障可能在高频头、超级芯片、制式选择等
检修方法和步骤	❶ 测量高频头各引脚电压，基本正常。更换高频头，故障依旧 ❷ 测量超级芯片各引脚电压，没有发现异常；更换超级芯片，故障依旧 ❸ 检查超级芯片的 30 脚～ 24 脚外围制式识别电路 Q209、Q208、X102 等元件，用一个 0.01μF 的电容器并联在 30 脚～ 24 脚之间后，有图像。经逐步排查，为 X102 滤波器漏电。更换后，故障排除

故障现象	不定时烧毁行管
维修机型	TCL AT25189 机型
故障分析	故障原因可能是行管过流或过压
检修方法和步骤	❶ 再次更换上行管，大概检了一下，各部分电路无短路和开机老化现象 ❷ 过了两个小时左右，用手摸行管，非常烫手。测量行激励管集电极电压为 88V（正常值为 65 ～ 70V），检查发现电容 C401 的一个引脚有虚焊现象，使行管电流增大而烧毁 ❸ 补焊电容引脚，故障排除

故障现象	不定时自动关机
维修机型	TCL AT25211 机型
故障分析	可能是某些元件热稳定性差或接触不良引起的
检修方法和步骤	❶ 先按接触不良排查。用敲击、摇晃法对机板或关键部件进行检查，故障没有出现 ❷ 用加热法进行排查。用电吹风加热，故障随后就出现了，说明是元件热稳定性差引起的 ❸ 故障出现时，测量主电源电压偏低许多。测量各点电压，发现有故障时，D828 稳压管电压异常，很不稳定。更换该稳压管，故障排除

故障现象	水平枕形失真
维修机型	康佳 P2977S 机型，超级芯片采用的是 VCT381A
故障分析	故障应该在枕校电路，本机枕校电路主要由超级芯片的 36 脚（场频抛物波输出）与外围三极管 V403、V404、V405 及 L401、L402 等电路组成
检修方法和步骤	❶ 测量超级芯片的 36 脚电压为 0.7V，正常值为 2.6V ❷ 脱焊 36 脚后，再次测量该电压，发现 R150 与 36 脚相连的一端为 0V，而另一端为 3.8V ❸ 最后发现是电阻 R150 变质（变大）。更换该电阻，故障排除
	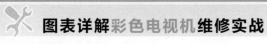

故障现象	水平枕形失真，行幅度小
维修机型	康佳 P2977S 机型，超级芯片采用的是 VCT381A
故障分析	故障应该在枕校电路
检修方法和步骤	❶ 测量三极管 V405 的各极电压，基极电压为 0.5V，集电极电压为 0.5V（正常值为 21V），发射极电压为 0V，怀疑该三极管有问题。拆卸下来，测量发现没有损坏。重新焊接上该三极管 ❷ 测量电阻 R411 上有压降 67V 左右，怀疑这里有问题。拆卸下电阻 R411，发现已开路。更换电阻，故障排除

续表

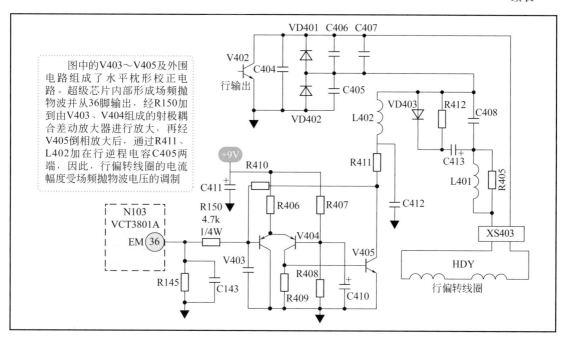

图中的V403～V405及外围电路组成了水平枕形校正电路。超级芯片内部形成场频抛物波并从36脚输出，经R150加到由V403、V404组成的射极耦合差动放大器进行放大，再经V405倒相放大后，通过R411、L402加在行逆程电容C405两端，因此，行偏转线圈的电流幅度受场频抛物波电压的调制

故障现象	光栅暗且行幅小
维修机型	康佳 P2960K1 机型，超级芯片采用的是 TDA9838
故障分析	该故障的主要原因是行激励不足造成的
检修方法和步骤	❶ 测量主电源电压 +130V 正常，其他各电压也基本正常 ❷ 测量行输出变压器后级 C422 两端的电压为 +155V（正常值为 +200V），不正常。故障应该在行扫描电路 ❸ 测量超级芯片的 33 脚行激励输出端电压正常，检查 VT401、VT402 正常 ❹ 怀疑行激励变压器或行输出变压器不良。更换行激励变压器 T401，故障排除

故障现象	关机后出现亮点
维修机型	康佳 T2168K 机型，超级芯片采用的是 TDA9380
故障分析	关机亮点消除电路有问题
检修方法和步骤	❶ 要使关机后不出现关机亮点，就要保证在关机后显像管栅极对地持续呈现一段时间的负电位。经检查，在关机后栅极对地电压几乎为 0V ❷ 检查后，发现是二极管 VD553 击穿。更换该二极管，故障排除

续表

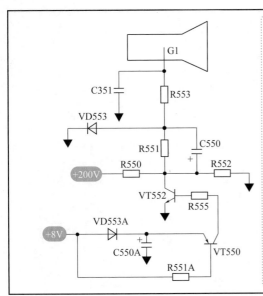

该机消亮点电路是截止型的。其工作原理是：开机后+8V电压通过隔离二极管VD553A向C550A充电，充电完毕后C550A对地电压为8.3V左右，控制管VT550的基极通过R551A接+8V电压，VT550截止，VT552的基极无偏压也截止，与此同时，视放级200V电压通过R550、R551、R553加至显像管栅极G1，由于VD553负极已接地，故正极电位只有0.6V左右，加之R553的降压，所以显像管栅极对地电压仅为0.35V左右，此时显像管阴极电压低于170V，故显像管能正常发亮，由于消亮点电容C550跨接于R551两端，而R551阻值较大(4.7MΩ)，故R551两极充电完毕后其电压为200V左右

关机后，+8V电压迅速下降，当降到7.4V以下时，VD553A截止，VT550的发射极因大电容C550A的存在，其电位基本不变，但VT550的基极电压会很快下降，当降到其发射结大于0.7V时，VT550迅速饱和导通，C550A正极所充的8.3V电压经VT550的发射极-集电极及R555加至VT552的基极，使VT552饱和导通，于是使C550正极通过VT552的集电极-发射极接地，正电荷被泄放掉，从而使C550负极对地形成约150V的电压，导致显像管三个阴极发射电子束立即截止，由于C550负极电子存储的负电荷只能通过R551缓慢泄放，故该负压缓慢降低，并能延迟一段时间，以确保关机后屏幕中心不会出现亮点

故障现象	不存台
维修机型	创维 21NK9000 机型，采用的是 TDA9370 超级芯片
故障分析	故障可能在高频头本身、存储器、超级芯片、调谐电压、同步信号丢失等
检修方法和步骤	❶ 开机，光栅正常，但无图像、无伴音，并且菜单为英文。重新进入自动搜台状态时，节目号能跳变存储，图像良好。但是，当搜台完成后，所有搜到的节目全没有了，只能用半自动搜台，一个一个节目搜索着看。如果这时关机再开机，关机前调整好的菜单就全没有了 ❷ 进入工厂调整模式，发现各项数据基本正常 ❸ 检查存储器各脚电压，没有发现异常。直接更换存储器，故障依旧 ❹ 更换超级芯片，故障排除

故障现象	搜台速度慢，且只能接收几个节目
维修机型	长虹 PF2986 机型
故障分析	图像行场均不同步，怀疑是同步分离、鉴相器电路工作不正常
检修方法和步骤	❶ 因接收的节目都是每个波段的前几个频道，故首先测量高频头的调谐端子（VT）电压。在搜台时，该电压只在 1 ~ 5.5V 之间变化，明显不正常 ❷ 检查调谐供电电路，测量 VD451 负极电压为 +45V，正常；但经过电阻 R001 后电压只有 5.5V（正常值应为 32V）。最后查得稳压管 VD001 击穿。更换稳压管后，故障排除

故障现象	屡次烧坏场厚膜
维修机型	TCL 2999 机型
故障分析	供电电压过高而引起屡次烧坏场厚膜
检修方法和步骤	❶ 测量厚膜 TDA8359 的 6 脚供电电压为 0V ❷ 测量厚膜 TDA8359 的 6 脚对地正反电阻，正反电阻值较小，表明该厚膜已经击穿 ❸ 拆焊下厚膜 TDA8359，测量 +45V 电压为 +48V 左右，表明供电电压偏高 ❹ 测量主电源电压为 +150V（正常值为 +135V），主电源电压偏高 ❺ 继续检查电源电路，发现电源厚膜 IC801 外接电阻 R805 变质 ❻ 更换电阻 R805 后，主电压输出正常。更换 TDA8359，故障排除

故障现象	水平一条亮线
维修机型	长虹 CH-16 机芯
故障分析	故障判断为场输出厚膜电路有问题
检修方法和步骤	❶ 检查厚膜 TDA8356 的 3 脚 +16V 供电电压是否正常；若不正常，检查供电电路 ❷ 检查 VD402 是否击穿短路 ❸ 检查厚膜 TDA8356 的 7 脚→场偏转线圈→ 4 脚间是否开路 ❹ 若经过上述检查没有发现故障，则更换场厚膜 TDA8356

续表

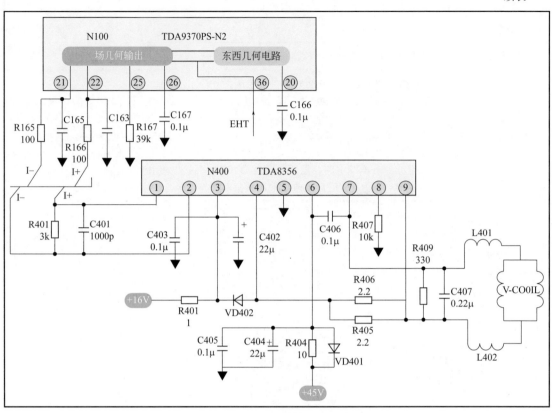

故障现象	场幅异常，调整场幅度数据不能与屏幕尺寸相吻合
维修机型	长虹 CH-16 机芯
故障分析	故障判断为场输出厚膜电路有问题
检修方法和步骤	❶ 电阻 R401 阻值增大、变质，造成场幅度增大 ❷ 电阻 R406、R405 之一阻值增大或开路，造成场幅度缩小 ❸ 厚膜本身损坏 ❹ 场偏转线圈损坏，造成场幅度缩小 ❺ 厚膜 TDA8356 的 6 脚 +45V 供电电压低，将造成光栅上部压缩，同时光栅上部出现回扫线

故障现象	台号往返循环自动转换
维修机型	TCL MT29A41B，采用的是 OM8373 超级芯片
故障分析	台号往返循环自动转换，本机面板键失控，用遥控器可以调出菜单，台不跳了，但菜单内选项上下变化，无伴音。该故障可能与超级芯片、存储器、总线、键盘电路等有关

续表

检修方法和步骤	❶ 测量超级芯片涉及微处理器相关控制的引脚，发现 SCL 的 2 脚、SDA 的 3 脚都在 4.1V 左右的幅度变化，其余脚基本正常 ❷ 拔下键盘插排，2 脚、3 脚电压仍然变化 ❸ 更换一新的存储器，故障依旧 ❹ 怀疑与高频头有关。脱开总线输出接高频头的两个电阻，2 脚、3 脚电压仍然变化 ❺ 更换超级芯片 OM8373，故障排除

故障现象	光栅与图像上有横条干扰或木纹干扰
维修机型	高路华 TN-2156LUS 机型，采用的是 TMPA8803 超级芯片
故障分析	光栅与图像上有横条干扰主要原因有：电源电路纹波系数大、高压打火或供电电压低于正常值等
检修方法和步骤	❶ 测量视放电源供电 B3 电压，电压低于正常值（+180V） ❷ 脱焊下滤波电容 C562，发现其已经没有什么容量了。更换滤波电容，故障排除

故障现象	开机后听到高压打火声音，然后就自动关机
维修机型	海信 TC2988UF 机型，超级芯片采用的是 TDA9373
故障分析	开机后听到高压打火声音，然后就自动关机，表明保护电路起控而动作
检修方法和步骤	❶ 试机，发现行输出变压器对地打火，明显看到行输出变压器有一条小裂缝，说明一体化行变已经损坏 ❷ 更换同型号的行输出变压器，试机，出现光栅，但光栅有明显的抖动且时暗时亮，行幅度也严重不足，立即关机进行检查 ❸ 测量主电源电压 +B 供电为 130V，基本正常 ❹ 调整加速极电位器，屏幕上出现带回扫线的光栅。加上信号后，有伴音，但无图像，看似黑屏 ❺ 怀疑存储器有问题，复制一块同型号数据的存储器，上机后，故障依旧。排除了总线数据保护引起的无图像故障 ❻ 检测束电流检测电路和暗电流检测电路。检测束电流 49 脚电压为 1.0V，暗电流 50 脚电压为 3.2V，均不正常，特别是束电流引脚电压异常太大 ❼ 脱开 49 脚，开机后屏幕出现正常的图像，说明束电流检测电路有故障。若脱开后，故障依旧，表明不是束电流引起的 ❽ 经仔细检查，发现二极管 VD409(1N4148) 有严重漏电现象。更换 VD409，故障排除

续表

总结	二极管 VD409 漏电，导致 A 点电压下降，同时将超级芯片的 49 脚电压拉低，导致 RGB 处理电路停止输出图像信号

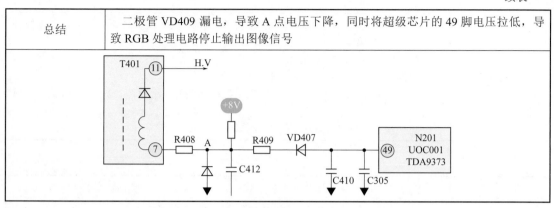

故障现象	开机后要等 30min 左右才能启动出现正常的光栅、图像
维修机型	TCL 2999UZ 机型，该机采用超级芯片 TDA9380，属于 UOC 机芯
故障分析	根据故障现象分析，可能为行扫描电路或显像管附属电路有问题
检修方法和步骤	❶ 打开机壳后，轻轻调一下加速极电压，光栅、图像马上出现 ❷ 关机后，反复几次试机，故障排除了
总结	这种情况是飞利浦超级芯片彩电的一个特殊故障，其原因是机子在出厂前，调试人员调试加速极电压过低。飞利浦超级芯片机芯具有白平衡自动调整功能，但它对加速极电压要求较为严格，若加速极电压过低，CPU 在启动之初就检测不出阴极电流信号，就会关闭激励输出，导致无光栅。适当调高加速极电压，可以排除此故障

第**7**章

长虹 TDA(OM8373PS) 机芯工作原理及维修实例

7.1　长虹 TDA(OM8373PS) 机芯整机结构

本章节的电路都是以长虹 SF2539 机型为例。

长虹 TDA 机芯结构如下图所示，主要由中央处理器（N100）、存储器、场输出厚膜、声表面波滤波器、全电视信号输出、功放厚膜、预中放、TV/AV 视频信号转换、TV/AV 音频信号转换、末级视放、行激励、行输出、遥控接收、本机键盘、开关电源等模块组成。

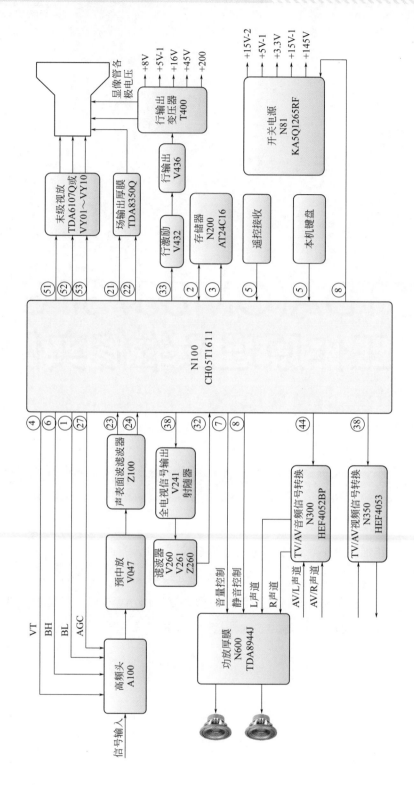

7.2 TDA9373 超级芯片各引脚功能及电压、电阻参数

引脚	引脚功能	待机状态下电压 /V	TV 状态下电压 /V		在机对地电阻 /kΩ	
			静态	动态	正向	反向
1	频段控制 1	5.0	5.0	5.0	7.5	8.5
2	I²C 总线时钟线	5.0	3.0	3.0	6.5	7.2
3	I²C 总线数据线	5.0	2.8	2.8	5.6	7.2
4	调谐电压控制	1.0	2.2	2.3	9.5	31.0
5	键盘机指示灯控制	3.3	0.3	0.3	1.5	1.4
6	频段控制 2	4.3	4.3	4.3	5.8	6.0
7	音量控制	0	0.1	1.7	7.0	8.6
8	静音控制	2.5	2.4	0	5.1	5.1
9	地	0	0	0	0	0
10	待机控制	0	2.0	2.0	3.6	3.5
11	伴音中频制式控制	3.3	3.2	3.3	2.5	2.5
12	地	0	0	0	0	0
13	内部连接	0	2.3	2.3	12.5	18.0
14	+8V 电源	0.3	8.0	8.0	1.8	1.8
15	TV 部分退耦	0	5.1	5.1	8.9	15.5
16	相位 2 滤波	0	2.7	2.6	12.2	19.0
17	相位 1 滤波	0.2	2.7	2.6	12.2	19.1
18	地	0	0	0	0	0
19	带隙退耦	0	4.0	4.0	10.7	15.8
20	东西枕形校正 / 自动电平	0	0.7	0.7	11.5	17.2
21	负极性场激励输出	0	2.4	2.4	11.5	19.5
22	正极性场激励输出	0	2.4	2.4	11.6	19.5
23	IF 信号输入 1	0	1.9	1.9	12.5	17.2
24	IF 信号输入 2	0	1.9	1.9	12.5	17.2
25	场基准电流	0	3.9	3.9	12.4	17.2
26	锯齿波形成	0	2.8	2.7	12.2	17.5
27	射频 AGC 输出	0.2	3.9	2.5	8.2	8.2
28	音频去加重及 AV 音频输出	0	3.2	3.2	12.0	18.5
29	伴音解调退耦	0.3	2.3	2.3	12.5	18.0
30	地	0	0	0	0	0
31	伴音窄带 PLL 滤波	0	2.3	2.3	12.5	18.0
32	伴音中频输入	0	0.3	0.4	11.7	18.0

续表

引脚	引脚功能	待机状态下电压 /V	TV 状态下电压 /V		在机对地电阻 /kΩ	
			静态	动态	正向	反向
33	行激励输出	7.1	3.0	3.0	9.6	15.5
34	沙堡脉冲	0	0.6	0.6	11.5	18.5
35	外部 AV 音频输入	0	3.3	3.3	12.5	18.4
36	高压检测	0	2.0	2.0	7.5	8.5
37	中频锁相环滤波	0	2.4	2.4	12.5	18.5
38	全电视信号输出	0	3.9	3.2	12.5	14.5
39	+8V 电源	0.3	8.1	8.1	1.8	1.8
40	TV 射频信号输入	0	3.7	3.6	12.5	19.5
41	地	0	0	0	0	0
42	AV 射频 /S 端 Y 输入	0	3.3	3.3	12.1	18.5
43	S 端 C 信号输入	0	1.2	1.2	12.5	18.5
44	TV 音频信号输出	0	3.2	3.2	12.5	19.3
45	RGB/YUV 切换开关	1.0	1.5	1.5	11.8	15.5
46	V 信号输入	0	2.5	2.5	12.5	19.0
47	AV 射频 /Y 信号输入	0	2.5	2.5	12.5	19.0
48	U 信号输入	0	2.5	2.5	12.5	19.0
49	ABL 控制	0.3	2.8	2.5	11.5	18.0
50	黑电流检测输入	0.3	6.5	6.2	6.8	7.2
51	R 输出	0	2.0	2.5	2.2	2.2
52	G 输出	0	2.0	2.5	2.2	2.2
53	B 输出	0	2.8	2.1	2.2	2.2
54	3.3V 电源	3.3	3.2	3.2	0.5	0.5
55	地	0	0	0	0	0
56	3.3V 电源	3.3	3.5	3.3	0.5	0.5
57	地	0	0	0	0	0
58	晶振输入	1.0	1.0	1.0	8.0	21.5
59	晶振输出	1.7	1.6	1.6	8.0	17.2
60	复位	0	0	0	0	0
61	3.3V 电源	3.3	3.3	3.3	0.5	0.5
62	AV1 控制	0	0	0	9.2	12.5
63	AV2 控制	0	0	0	8.9	12.6
64	遥控信号输入	4.4	4.5	4.5	9.2	20.2

7.3 MCU 控制系统

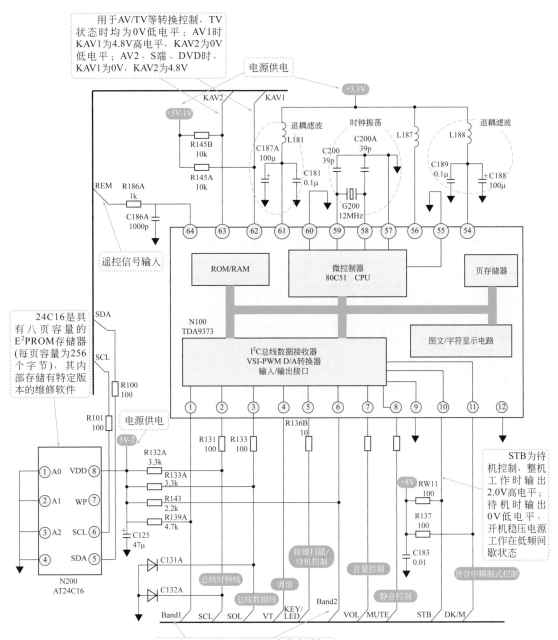

MCU 控制系统工作条件	
❶ 供电电源	加到 TDA9373 的 54 脚、36 脚、61 脚的正电压（+3.3V）必须正常
	加到 TDA9373 的 9 脚、12 脚、55 脚的负电压（接地）必须良好
❷ 时钟振荡	TDA9373 的 58 脚、59 脚外接的 12MHz 晶振及平衡电容 C200、C200A 必须良好，并能有正常的时钟波形产生
❸ 复位	60 脚为复位引脚，本机接地
❹ 外部存储器	外部存储器 AT24C16 必须正常
❺ 总线	TDA9373 的 2 脚、3 脚和存储器 AT24C16 存储器的 5 脚、6 脚必须有正常的工作电压和稳定的信号波形

7.4 开关电源电路

开关电源各单元电路主要作用、元器件、工作原理	
❶ 抗干扰电路	主要作用：防止电网干扰电视机或电视机干扰电网 元器件：C801、C802、L802、C803
❷ 整流电路	主要作用：交流转换为脉冲直流 元器件：VD801 ~ VD804、C805 ~ C808
❸ 滤波电路	主要作用：脉冲直流平滑为直流 元器件：C810
❹ 开关厚膜	主要作用：通过振荡来产生变化（脉冲）电压 元器件：N801 KA5Q1265RF
❺ 开关变压器	主要作用：存储脉冲电压，储能 元器件：T803
❻ 稳压	主要作用：稳定直流电压 元器件：N883(7805)、V871(3CG2688)

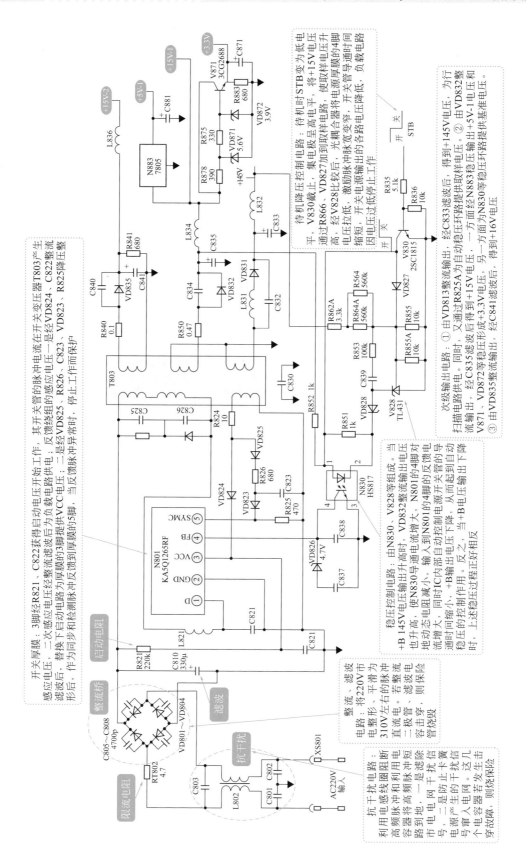

7.5 扫描电路

7.5.1 行扫描电路

① 行激励与行输出电路

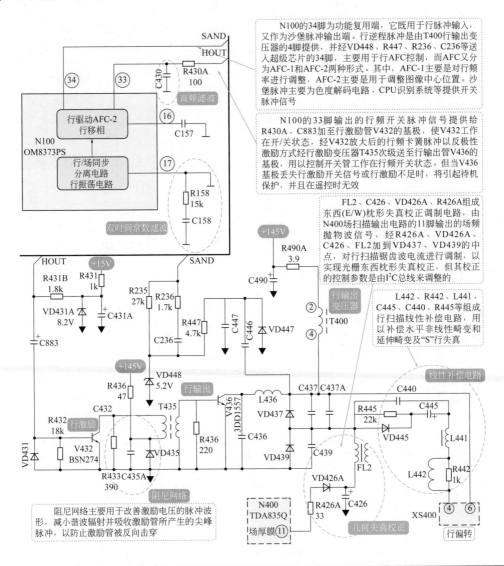

N100的34脚为功能复用端，它既用于行脉冲输入，又作为沙堡脉冲输出端。行逆程脉冲是由T400行输出变压器的4脚提供，并经VD448、R447、R236、C236等送入超级芯片的34脚，主要用于行AFC控制，而AFC又分为AFC-1和AFC-2两种形式。其中，AFC-1主要是对行频率进行调整，AFC-2主要是用于调整图像中心位置。沙堡脉冲主要为色度解码电路、CPU识别系统等提供开关脉冲信号

N100的33脚输出的行频开关脉冲信号提供给R430A、C883加至行激励管V432的基极，使V432工作在开/关状态，经V432放大后的行卡簧脉冲以反极性激励方式经行激励变压器T435次级送至行输出管V436的基极，用以控制开关管工作在行频状态。但当V436基极丢失行激励开关信号或行激励不足时，将引起待机保护，并且在遥控时无效

FL2、C426、VD426A、R426A组成东西(E/W)枕形失真校正调制电路，由N400场扫描输出电路的11脚输出的场频抛物波信号，经R426A、VD426A、C426、FL2加到VD437、VD439的中点，对行扫描锯齿波电流进行调制，以实现光栅东西枕形失真校正，但其校正的控制参数是由I²C总线来调整的

L442、R442、L441、C445、C440、R445等组成行扫描线性补偿电路，用以补偿水平非线性畸变和延伸畸变及"S"行失真

阻尼网络主要用于改善激励电压的脉冲波形，减小二次谐波辐射并吸收激励管所产生的尖峰脉冲，以防止激励管被反向击穿

行扫描电路关键元器件及信号流程	
行激励	行激励管：V432；行激励变压器：T435
行输出	行输出管：V436；行阻尼管：VD437、VD439；行逆程电容：C437、C437A、C439
行扫描电路信号流程	超级芯片的33脚→C883→行激励V432基极→行激励V432集电极→行激励变压器T435→行输出管V436基极→行输出管V436集电极→L436→XS400的6脚→行偏转线圈→XS400的4脚→线性补偿电路→行管发射极→地

② 行输出变压器及行电源

ABL电路是一种利用显像管的检测电流来控制图像效果的自动亮度限制电路，它主要由行输出变压器的8脚、C481、R481、R482、R485、VD483及超级芯片N100的49脚等组成。在正常工作时，T400的8脚电压在−1.3～5.32V之间，随着图像内容的不断变化，自动限制图像亮度。当图像亮度增加时，显像管的束电流增大，T400的8脚电流增大，但电压下降，使VD483导通电流增大，N100的49脚电压下降，51脚、52脚、53脚输出的R、G、B三基色信号的增益下降，显像管阴极发射的电子束减弱，图像亮度下降，从而起到了自动亮度限制的作用。反之，当图像亮度下降时，上述过程正好相反

10脚行逆程脉冲→R461B限流→VD461B整流→C882滤波→+16V→N882(L7808)稳压→+5V-1

10脚行逆程脉冲→R461B限流→VD461B整流→C882滤波→+16V→N881(L7805)稳压→+5V-1

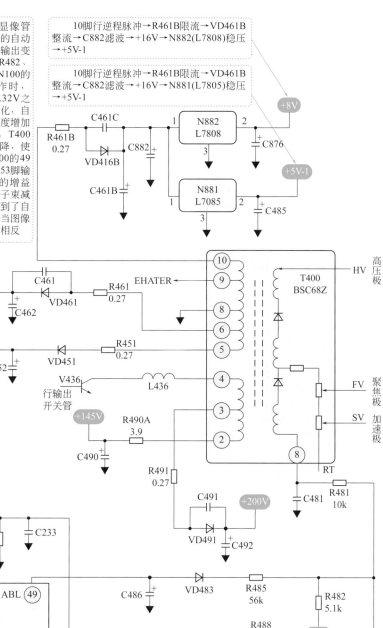

+200V电压：行输出变压器的3脚→R491限流→VD491整流→C492滤波→+200V。供给尾板视放
+45V电压：行输出变压器的5脚→R451限流→VD451整流→C452滤波→+45V。供给场扫描厚膜
+16V电压：行输出变压器的6脚→R461限流→VD461整流→C462滤波→+16V。供给场扫描厚膜
4.4V交流灯丝电压：行输出变压器的9脚→显像管灯丝

EHT电路是一种自动高压校正电路，它主要由T400的8脚、R481、R488及超级芯片的36脚等组成。当加到显像管上的高压变化时，其电子束扫描的幅度变化，从而使光栅图像的幅度变化，但此时通过T400的8脚的电流变化，在引起VD483导通电流变化时，通过R488加到N100的36脚的电流也变化，从而使几何失真校正电路及E/W枕校电路的工作参数变化，自动校正光栅及图像画面的幅度

▶ 7.5.2 场扫描电路

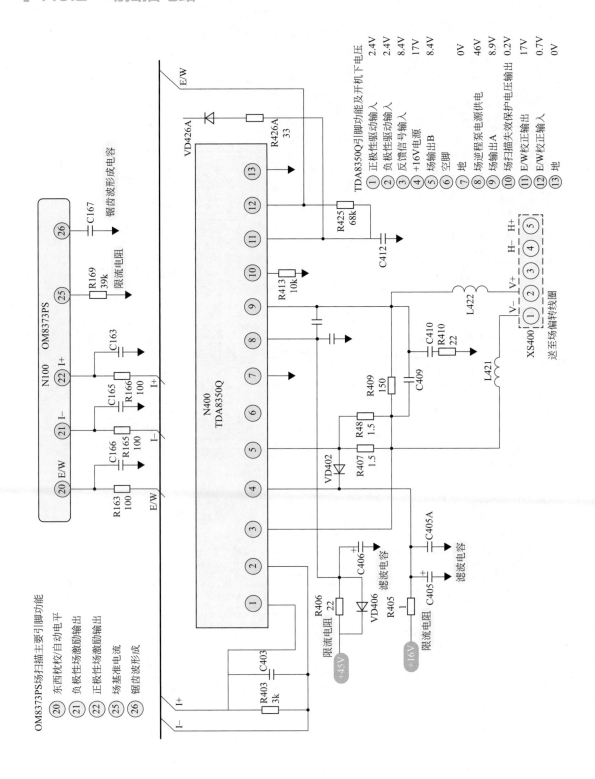

7.6 高、中频电路

7.6.1 高频头电路

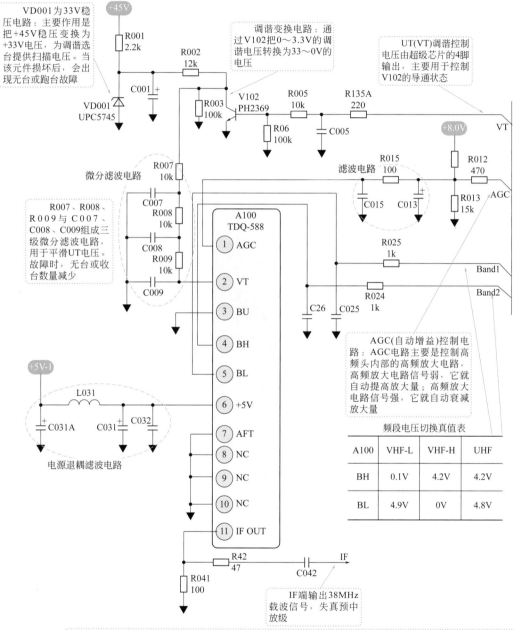

VD001为33V稳压电路：主要作用是把+45V稳压变换为+33V电压，为调谐选台提供扫描电压。当该元件损坏后，会出现无台或跑台故障

调谐变换电路：通过V102把0～3.3V的调谐电压转换为33～0V的电压

UT(VT)调谐控制电压由超级芯片的4脚输出，主要用于控制V102的导通状态

R007、R008、R009与C007、C008、C009组成三级微分滤波电路，用于平滑UT电压。故障时，无台或收台数量减少

AGC(自动增益)控制电路：AGC电路主要是控制高频头内部的高频放大电路，高频放大电路信号弱，它就自动提高放大量；高频放大电路信号强，它就自动衰减放大量

IF端输出38MHz载波信号，失真预中放级

频段电压切换真值表

A100	VHF-L	VHF-H	UHF
BH	0.1V	4.2V	4.2V
BL	4.9V	0V	4.8V

选台就是变换接收频道，选择所要收看的电视台。为了实现选台，CPU的控制电路要输出两种电压信号：一种是频段控制信号，决定BL、BH、BU频段；另一种是用来在一个频段内选择不同频道的调谐电压，通常为0～30V可调电压

目前，预置选台常有电压合成式和频率合成式。电压合成式是将频道调谐电压数字编码后，存储在电可擦存储器中，使用时再将数字频道信息读出，并将其转换成直流调谐电压，去控制高频头

▶ 7.6.2 预中放及中频处理电路

预中放电路主要由V047、Z100等组成。各元器件的作用如下：
V047为预中放放大管；R049、R045、R046、R048为偏置电阻；L049为补偿电感，与C061组成并联谐振回路；C042、C061为耦合电容；L051、C051、R051、C052为退耦滤波电路。Z100为声表面波滤波器(SAWF)，采用分离载波式声表面波滤波器

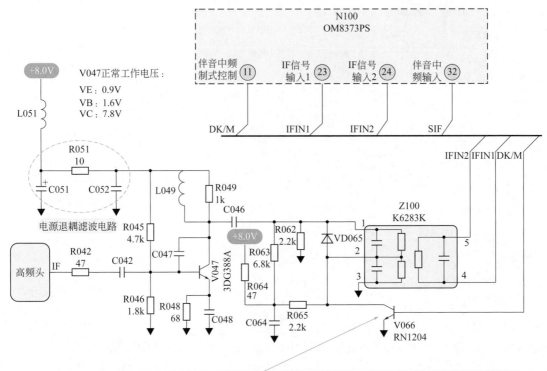

V066为内置电阻开关管，用于PAL-D/K制和NTSC-M制式选择控制。在PAL制式下，超级芯片的11脚输出高电平，V066处于饱和导通状态，VD065正极被钳位在0电位，PAL-D/K制的IF信号送至Z100的1脚。当工作在NTSC制式时，超级芯片的11脚输出低电平，V066截止，VD065导通，NTSC制IF信号送至Z100的2脚

预中放电路信号流程：高频头IF端子→R042→C042→V047基极→V047集电极→C046→Z100→IF IN1、IF IN2送至超级芯片的23脚、24脚
图像中频电路：在超级芯片电视机中，图像中频电路主要包含在芯片内部，只用了少量引脚及外围分离元件。TDA9370与中频电路有关的引脚有23脚(IF1中频输入1)、24脚(IF2中频输入2)、27脚(高频头高放输出)、37脚(中频锁相环低通滤波)、38脚(全电视信号输出)、39脚(芯片供电端)等组成。
由23脚、24脚输入的IF信号，首先在N100内部进行中频放大，然后再进行PLL(锁相环)视频解调及中频AGC等处理。37脚用于中频锁相环(PLL)低通滤波，外接R231、C231与内部接口电容组成双时间常数电路。经内部检波后得到的全电视信号从超级芯片38脚输出，再由V241组成的射随放大器放大，最后分配送至后级电路

7.7 视频信号处理电路

Z241为6.5MHz陶瓷陷波器，主要用于滤出PAL-D/K制全电视视频信号中的6.5MHz伴音第二中频信号，只让视频信号(其中包含有色度信号)通过L241加至V251，并由V251放大后分成两路输出，一路经R251、C216送至N100的40脚；另一路送至视频输出插口(图中未画出)，向机外输出

Z240为5.5MHz陶瓷陷波器，主要用于滤出PAL-B制或SECAB-B制全电视视频信号中的5.5MHz伴音第二中频信号，只让视频信号(其中包含有色度信号)通过L241加至V251，并由V251放大后分成两路输出，一路经R251、C216送至N100的40脚；另一路送至视频输出插口(图中未画出)，向机外输出

Z242为6.0MHz陶瓷陷波器，主要用于滤出PAL-I制全电视视频信号中的6.0MHz伴音第二中频信号，只让视频信号通过L241加至V251，此后与上面的信号流程相同

Z243为4.5MHz陶瓷陷波器，主要用于滤出NTSC-M制全电视视频信号中的4.5MHz伴音第二中频信号，但它是在V246、V247的控制下才能起作用的。在PAL制式或SECAM制式中，V246、V247截止，Z243不接入电路。当系统转换在接收NTSC制式时，超级芯片的11脚输出低电平，使V246、V247同时导通，将Z243接入电路，这时NTSC-M制式的4.5MHz伴音第二中频信号被滤除，只能让视频图像信号通过L241。此后与上面的信号流程相同

38脚输出的全电视视频信号，经V241射随器输出送至图像处理电路

在多制式彩电信号接收时，N100的38脚输出的全电视视频信号就会有PAL-D/K制、PAL-I制、NTSC-M制等多种情况，因此在射随器输出后设置有多制式陷波器。陷波器的作用就是通像断音，即让图像信号通过，阻断音频信号，以防止不同的伴音信号干扰图像，如图中Z240、Z241、Z242、Z243

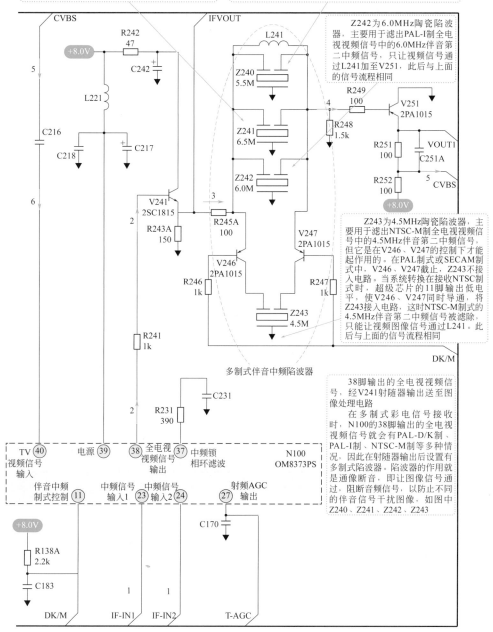

① 厚膜式末级视放电路

在大屏幕彩电中，常采用厚膜式末级视放电路。TDA6107Q 是飞利浦公司开发设计的，用于大屏幕彩电末级视放的集成电路，其内部设有 3 组视频输出放大器，可直接驱动显像管的 3 个阴极，同时还设有黑电平自动检测输出功能，通过反馈环路以实现自动暗平衡调整控制。

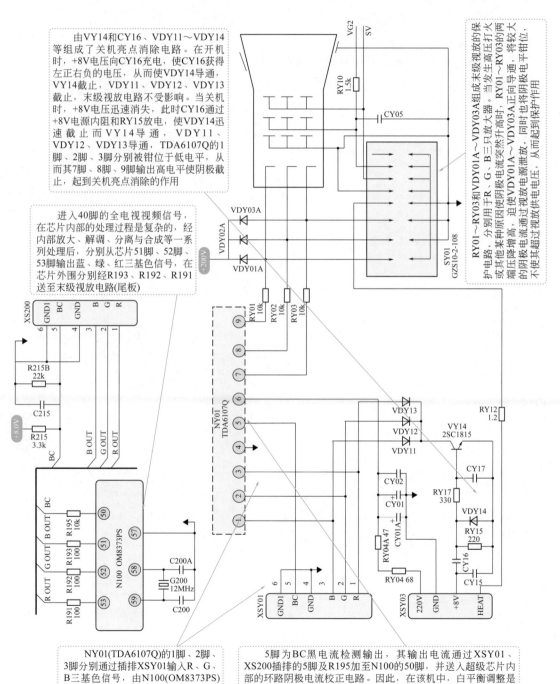

由VY14和CY16、VDY11～VDY14等组成了关机亮点消除电路。在开机时，+8V电压向CY16充电，使CY16获得左正右负的电压，从而使VDY14导通，VY14截止，VDY11、VDY12、VDY13截止，末级视放电路不受影响。当关机时，+8V电压迅速消失，此时CY16通过+8V电源内阻和RY15放电，使VDY14迅速截止而VY14导通，VDY11、VDY12、VDY13导通，TDA6107Q的1脚、2脚、3脚分别被钳位于低电平，从而其7脚、8脚、9脚输出高电平使阴极截止，起到关机亮点消除的作用

进入40脚的全电视视频信号，在芯片内部的处理过程是复杂的，经内部放大、解调、分离与合成等一系列处理后，分别从芯片51脚、52脚、53脚输出蓝、绿、红三基色信号，在芯片外围分别经R193、R192、R191送至末级视放电路(尾板)

RY01～RY03和VDY01A～VDY03A组成末级视放的保护电路，分别用于R、G、B三只放大器。当发生高压打火或其他某种原因使阴极电流突然升高时，RY01～RY03的两端压降增高，迫使VDY01A～VDY03A正向导通，同时也将阴极电平钳位，将较大的阴极电流通过视放电源泄放，从而起到保护作用不使其超过视放供电电压

NY01(TDA6107Q)的1脚、2脚、3脚分别通过插排XSY01输入R、G、B三基色信号，由N100(OM8373PS)的53脚、52脚、51脚输出并通过插排XS200和XSY01提供

5脚为BC黑电流检测输出，其输出电流通过XSY01、XS200插排的5脚及R195加至N100的50脚，并送入超级芯片内部的环路阴极电流校正电路。因此，在该机中，白平衡调整是在超级芯片电路内部由I²C总线来完成，故在采用了暗电流控制技术后，末级视放电路就不需要再做任何硬件调整

厚膜式末级视放电路 TDA6107Q 各引脚功能如下表所示。

脚号	符号	引脚功能	动态电压 /V	脚号	符号	引脚功能	动态电压 /V
1	IN1	G 信号反相输入	2.4	6	VP1	末级视放电压输入	200
2	IN2	R 信号反相输入	2.6	7	FBK	B 信号功率输出	160
3	IN3	B 信号反相输入	2.6	8	VP2	R 信号功率输出	140
4	GND	接地	0	9	V	G 信号功率输出	150
5	OUT(BC)	黑电平检测电流输入	4.8				

② 分离式末级视放电路

在 25in 大屏幕彩色电视机中，常采用分立元件组成末级视放电路。

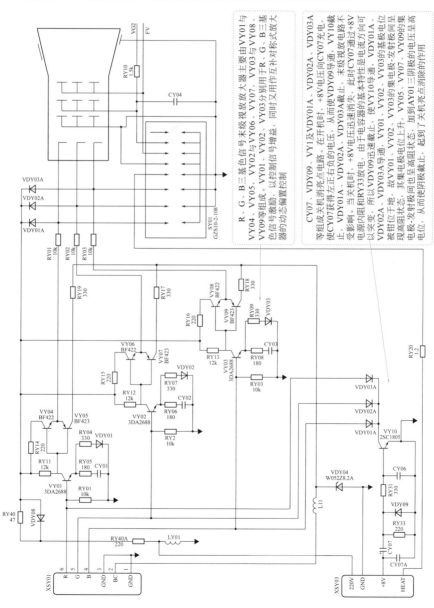

7.8 伴音信号处理电路

7.8.1 伴音小信号处理电路

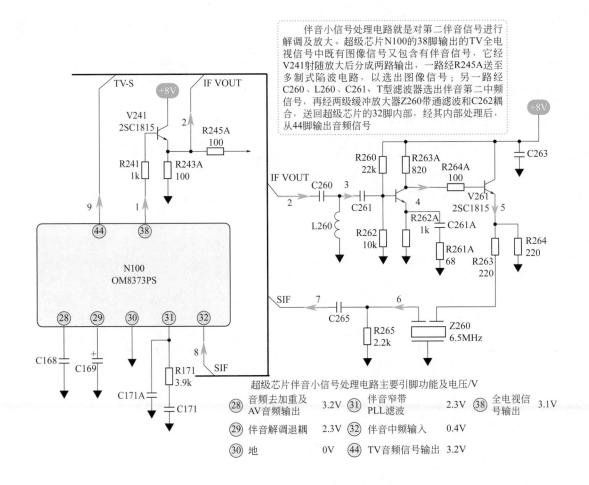

伴音小信号处理电路就是对第二伴音信号进行解调及放大。超级芯片N100的38脚输出的TV全电视信号中既有图像信号又包含有伴音信号，它经V241射随放大后分成两路输出，一路经R245A送至多制式陷波电路，以选出图像信号；另一路经C260、L260、C261、T型滤波器选出伴音第二中频信号，再经两级缓冲放大器Z260带通滤波和C262耦合，送回超级芯片的32脚内部，经其内部处理后，从44脚输出音频信号

超级芯片伴音小信号处理电路主要引脚功能及电压/V

脚	功能	电压	脚	功能	电压	脚	功能	电压
28	音频去加重及AV音频输出	3.2V	31	伴音窄带PLL滤波	2.3V	38	全电视信号输出	3.1V
29	伴音解调退耦	2.3V	32	伴音中频输入	0.4V			
30	地	0V	44	TV音频信号输出	3.2V			

7.8.2 伴音功放电路

伴音功放 TDA8944J 各引脚主要功能如下表所示。

脚号	符号	主要功能	静态电压/V	动态电压/V
1	OUT1-	左声道反相输出	8.1	8.1
2	GND1	地	0	0
3	VCC1	供电电源1	16.5	16.5
4	OUT1+	左声道正相输出	8.1	8.1
5	N.C-5	未用	0	0

续表

脚号	符号	主要功能	静态电压 /V	动态电压 /V
6	IN1+	左声道正相输入	6.8	7.7
7	N.C-7	未用	0	0
8	IN1-	左声道反相输入	6.8	6.8
9	IN2-	右声道反相输入	6.8	6.1
10	MODE	选择模式输入	11.8	0
11	5VR	1/2 电源滤波	7.8	7.7
12	IN2+	右声道正相输入	6.8	6.3
13	N.C-1B	音量控制输入	1.0	2.4
14	OUT2+	右声道正相输出	8.1	8.1
15	GND2	地	0	0
16	VCC2	供电电源 2	16.5	16.5
17	OUT2-	右声道反相输出	8.1	8.1

功放电路信号流程如下表所示。

音频信号流程	左声道：从音频转换 N300 的 3 脚→ L-AMP → R632、C633 耦合→伴音功放 N600 的 8 脚→ N600 的 1 脚、4 脚→左扬声器 右声道：从音频转换 N300 的 13 脚→ R-AMP → R622、C623 耦合→伴音功放 N600 的 9 脚→ N600 的 14 脚、17 脚→右扬声器
音量控制	伴音功放 N600(TDA8944J) 的 13 脚用于音量控制，并受控于超级芯片的 7 脚。在静音状态下超级芯片的 7 脚输出低电平，TDA8944J 的 13 脚为低电平。在正常收听时，超级芯片的 7 脚电压在 1.8V 可调，TDA8944J 的 13 脚电压为 2.3V 可调，从而达到控制伴音音量的作用
开 / 关机或静音控制	TDA8944J 的 10 脚为开 / 关机静噪或静音控制，它主要是受控于超级芯片的 8 脚。在 TV 状态无信号时，超级芯片的 8 脚输出高电平（2.4V），V608 导通，V607 截止，+16V-S 电源通过 R616、R615、R606 为功放 TDA8944J 的 10 脚提供 11.8V 高电平，使功放级输出截止，从而实现静音控制。在正常收听时，超级芯片的 8 脚输出低电平，此时 V608 截止，V607 导通，TDA8944J 的 10 脚为低电平（0V）
开 / 关机静噪	开 / 关机静噪时，V608、V607 受控于由 V890、C882A、VD890 等组成的开 / 关机静噪控制电路。在开 / 关机时，由于 C882A 的充电、放电作用，均会使 V890 处于导通状态，从而使 V608 导通、V607 截止，TDA8944JD 的 10 脚为高电平（11.8V），扬声器静噪

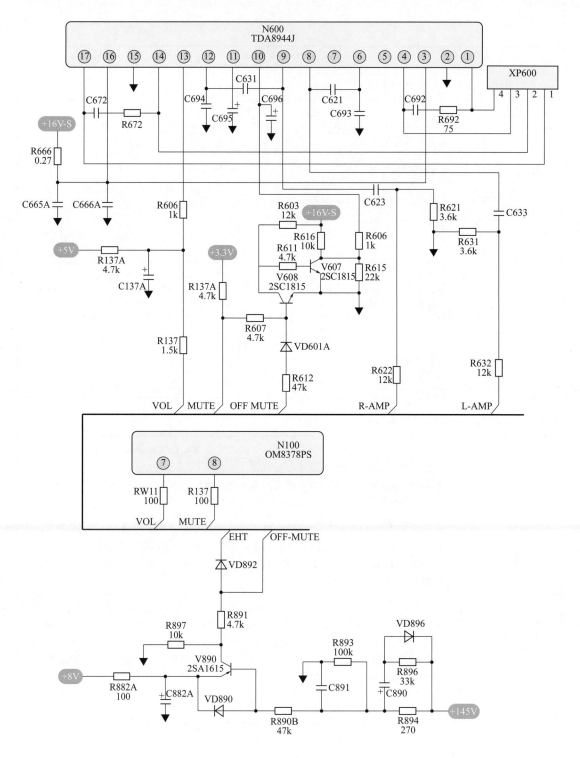

7.9 TV/AV 视频、音频转换电路

7.9.1 音频转换电路

① HEF4052BP 电子开关引脚功能

脚号	符号	主要功能	脚号	符号	主要功能
1	OUT1-	左声道反相输出	10	MODE	选择模式输入
2	GND1	地	11	5VR	1/2 电源滤波
3	VCC1	供电	12	IN2+	右声道正相输入
4	OUT1+	左声道正相输出	13	N.C-1B	用于音量控制输入
5	N.C-5	未用	14	OUT2+	右声道正相输出
6	IN1+	左声道正相输入	15	GND2	地
7	N.C-7	未用	16	VCC2	供电电源
8	IN1-	左声道反相输入	17	OUT2-	右声道反相输出
9	IN2-	右声道反相输入			

② 音频转换电路信号流程

TV 伴音左声道信号放大流程	超级芯片 N100 的 44 脚→转换电路 N300 的 1 脚→N300 的 3 脚→R632、C633→伴音功放 N600 的 8 脚
TV 伴音右声道信号放大流程	超级芯片 N100 的 44 脚→转换电路 N300 的 12 脚→N300 的 13 脚→R622、C623→伴音功放 N600 的 9 脚
TV 伴音左声道信号输出流程	超级芯片 N100 的 44 脚→转换电路 N300 的 1 脚→N300 的 3 脚→耦合 C372→V371 射随→耦合 C371→LOUT 输出
TV 伴音右声道信号输出流程	超级芯片 N100 的 44 脚→转换电路 N300 的 12 脚→N300 的 13 脚→耦合 C383→V381 射随→耦合 C381→ROUT 输出
AV1 左声道音频信号流程	AV1-L 输入→耦合 C303→转换电路 N300 的 5 脚→3 脚→R632、C633→伴音功放 N600 的 8 脚
AV1 右声道音频信号流程	AV1-R 输入→耦合 C302→转换电路 N300 的 14 脚→13 脚→R622、C623→伴音功放 N600 的 9 脚
AV2 左声道音频信号流程	AV2-L 输入→耦合 C309→转换电路 N300 的 2 脚→3 脚→R632、C633→伴音功放 N600 的 8 脚
AV2 右声道音频信号流程	AV2-R 输入→耦合 C308→转换电路 N300 的 15 脚→13 脚→R622、C623→伴音功放 N600 的 9 脚

3 音频转换电路原理

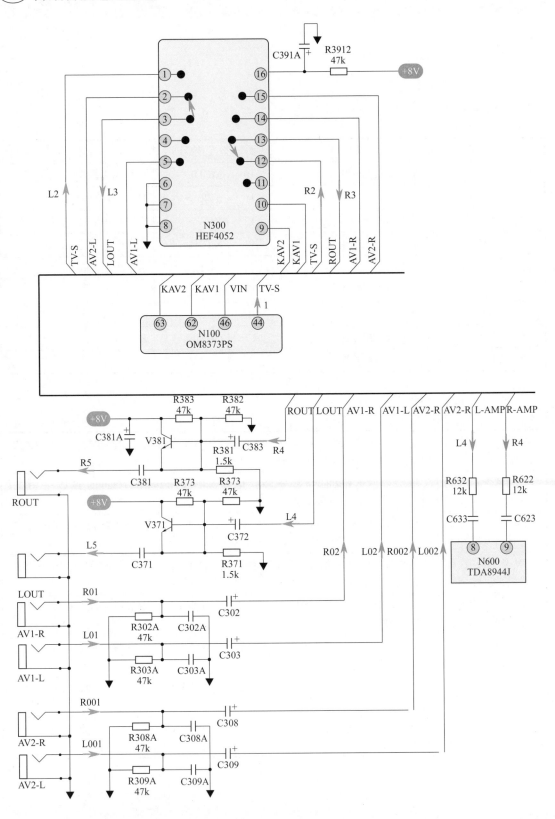

▶ 7.9.2 TV/AV 视频转换电路

① HEF4053 电子开关引脚功能

脚号	主要功能	脚号	主要功能
1	AV-V/Y	9	KAV1
2	地	10	KAV2
3	AV-V/Y	11	KAV2
4	AV1-V	12	地
5	地	13	空
6	地	14	Uin
7	地	15	AV2-V/Y
8	地	16	+5V-1

② TV/AV 视频转换电路原理

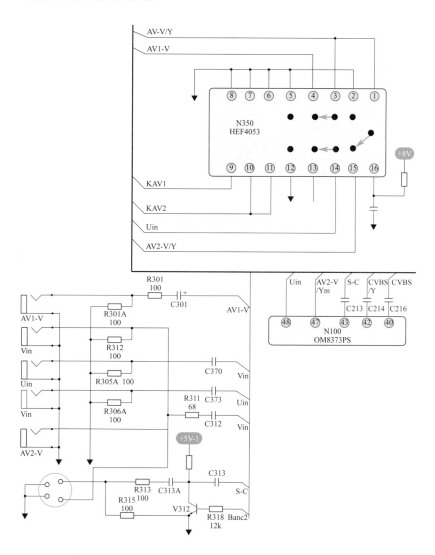

③ TV/AV 视频转换信号流程

AV1 视频输入信号流程	AV1-V 插口 → R301、C301 耦合 → 视频转换 N350 的 4 脚输入 → 在 AV1 条件下：超级芯片的 62 脚输出高电平、63 脚输出低电平 → N350 的 3 脚输出 → 超级芯片的 47 脚输入
AV2 视频输入信号流程	AV2-V 插口 → R311、C312 匹配 → 视频转换 N350 的 15 脚输入 → 在 AV2 条件下：超级芯片的 62 脚输出低电平、63 脚输出高电平 → N350 的 1 脚输出 → 超级芯片的 47 脚输入。此时 S 端子和 DVD 端子不能输入
S-VIDEO（S 端子）	S 端输入的 Y 信号与 AV2 视频信号共用一条通路。R311、C312 匹配 → C374 耦合 → 视频转换 N350 的 15 脚输入 → 在 AV2 条件下：超级芯片的 62 脚输出低电平、63 脚输出高电平 → R313、C313 → 超级芯片的 43 脚输入
DVD 输入	DVD 输入的 Y 信号是经 DVD 端输入到机内部的，它与 AV2、S 端子输入的 Y 信号共用一条通路。R311、C312 耦合 → 视频转换 N350 的 15 脚输入，同时还输入 U 信号和 V 信号，分别经 C370、C373 耦合 → 超级芯片的 48 脚、46 脚输入
VOUT 输出	超级芯片 N100 的 38 脚 → V241、V251 → V391 → R392 → VOUT 输出
前侧面 AV 输入	前侧面 AV 输入与 AV1 输入共用一条通路，故两者不能同时使用

7.10 实战 45——故障维修实例

故障现象	三无，指示灯点亮
维修机型	长虹 SF2539 机型，该机采用超级芯片 OM8370PS
故障分析	可能损坏的电路有：超级芯片或其工作条件、电源电路、行扫描电路等
检修方法和步骤	❶ 检查电源电路，各输出电压基本正常 ❷ 检测超级芯片的 54 脚、56 脚、61 脚的供电情况，各供电 +3.3V 基本正常 ❸ 检查超级芯片振荡电路 58 脚、59 脚无异常，代换晶振，故障依旧 ❹ 检测超级芯片的 3 脚（正常电压为 2.9V）、2 脚（正常电压为 2.7V）电压，发现异常。表明超级芯片的总线电压有问题。最后，查得是供电滤波电容 C125 漏电。更换该电容，故障排除

故障现象	三无，指示灯点亮
维修机型	长虹 SF2539 机型，该机采用超级芯片 OM8370PS
故障分析	可能损坏的电路有：超级芯片或其工作条件、电源电路、行扫描电路等
检修方法和步骤	❶ 检测开关电源的各输出电压，基本正常 ❷ 检测超级芯片各工作条件，基本正常 ❸ 观察显像管灯丝，发现已正常点亮 ❹ 检测显像管的三个阴极电压，均在 180V 以上。说明机子是处于静噪消隐状态，即黑屏故障 ❺ 检测超级芯片的 38 脚外围元件，没有发现异常元件 ❻ 怀疑存储器有问题。取一只空白 24C16 存储器，用计算机复制该软件的数据，更换后，故障排除

故障现象	红灯闪烁，不开机
维修机型	长虹 SF2539 机型，该机采用超级芯片 OM8370PS
故障分析	可能损坏的电路有：超级芯片或其工作条件、电源电路、行扫描电路等
检修方法和步骤	❶ 检测主电源电压 +145V，基本正常 ❷ 测量 +3.3V 电源电压，仅为 2.0V 左右且抖动不稳。进一步检查发现滤波电容 C871 漏电严重 ❸ 更换滤波电容，故障排除

故障现象	全无
维修机型	长虹 PF29118 机型，该机采用超级芯片 OM8370PS
故障分析	故障可能在电源电路、行扫描电路、超级芯片等
检修方法和步骤	❶ 打开机壳，发现保险管已经严重烧毁，机内可能有短路故障 ❷ 测量电源厚膜 KA5Q1265RF 的 1 脚对地正反电阻，其正反电阻值较小，说明其内部已短路。脱焊下厚膜，再次测量，发现其已损坏 ❸ 测量行输出管 V436 集电极对地正反电阻，其正反电阻值几乎为 0。脱焊下行管，检测发现集电极 - 发射极击穿 ❹ 更换保险管、行管、电源厚膜。脱焊下电感 L436 的一个引脚，接上假负载，开机检测电源电压，各输出电压基本正常 ❺ 焊接 L436 引脚，开机后故障排除

故障现象	全无
维修机型	长虹 SF2539 机型，该机采用超级芯片 OM8370PS
故障分析	该机是雷击后出现全无的，因此应检查电源电路、行扫描电路和超级芯片等
检修方法和步骤	❶ 开机后发现保险管已损坏，主滤波电容 C710 已炸碎 ❷ 检查其他电路各关键点正反电阻，没有发现异常或短路现象 ❸ 更换保险管、滤波电容 C710 后，开机无任何反应 ❹ 检测主电源电压为 0V，检测 C710 两端电压为 0V。说明滤波电路之前的电路有异常 ❺ 测量整流器输入电压为 0V，继续检查发现限流电阻 RT802 开路。更换该电阻（1W/4.7Ω），故障排除

故障现象	无伴音
维修机型	长虹 PF29118 机型，该机采用超级芯片 OM8370PS
故障分析	故障可能在：伴音中频电路、音频转换电路、伴音功放电路等
检修方法和步骤	❶ 在 AV 状态下，输入音频信号，还是没有声音 ❷ 检测伴音功放模块电路，测量 N600(TDA8944J) 的 3 脚、16 脚电压为 0V（正常值为 +16.5V），检查电源供电，正常。表明供电电源与伴音厚膜之间有开路情况发生 ❸ 继续检查发现限流电阻 R666（0.27Ω）开路。更换限流电阻，故障排除

故障现象	左声道有声音，右声道无声音
维修机型	长虹 SF2539 机型，该机采用超级芯片 OM8370PS
故障分析	故障在伴音功放电路
检修方法和步骤	❶ 打开机壳，用电阻法判断右声道扬声器好坏，发现没有"哒哒哒"声音且阻值为无穷大。说明右声道扬声器已坏 ❷ 脱焊下左声道扬声器的连接线，把右声道输出线焊到左声道扬声器上，开机后声音正常 ❸ 拆焊下右声道扬声器，发现其纸盆附近的连接线已断。用细软线更换这一段原线，并用万能胶固定焊接点于纸盆上，故障排除

故障现象	无伴音
维修机型	长虹 SF2539 机型，该机采用超级芯片 OM8370PS
故障分析	故障可能在：伴音中频电路、音频转换电路、伴音功放电路等
检修方法和步骤	❶ 检测伴音功放模块电路，测量 N600(TDA8944J) 的 3 脚、16 脚电压为 0V（正常值为 +16.5V）。检查电源供电正常，表明供电电源与伴音厚膜之间有开路情况发生 ❷ 继续检查发现限流电阻 R666（0.27Ω）开路 ❸ 测量 N600(TDA8944J) 的 3 脚对地电阻，发现正反电阻值几乎为 0，说明厚膜内部击穿 ❹ 更换伴音厚膜 TDA8944J 和限流电阻 R666，故障排除

故障现象	红灯闪烁，不能二次开机
维修机型	长虹 SF2539 机型，该机采用超级芯片 OM8370PS
故障分析	故障可能原因有：电源电路、超级芯片、待机控制电路、行扫描电路等
检修方法和步骤	❶ 检测主电源电压为 +125V，正常 ❷ 二次开机后，主电源电压在 +145 ～ 135V 之间波动 ❸ 检测超级芯片的行激励输出 33 脚，有激励电压输出。检测行输出管基极，无电压。故障范围应该在 33 脚与行管之间 ❹ 经检查发现是行激励变压器的次级有一个引脚有脱焊现象。补焊后，故障排除

故障现象	黑屏
维修机型	长虹 PF29118 机型，该机采用超级芯片 OM8370PS
故障分析	黑屏是飞利浦机芯彩电中的一个常见的特有故障，它主要是由于黑电流检查电路或 ABL 电路异常所致，在该机中主要故障原因是超级芯片的 50 脚工作电压异常
检修方法和步骤	❶ 检测尾板视放厚膜 NY1(TDA6107Q) 的 8 脚及红阴极电压，均为 195V（正常值为 140V），偏高 ❷ 检测超级芯片的 50 脚电压为 3.6V（正常值为 6 ～ 6.5V） ❸ 更换视放厚膜 NY1(TDA6107Q)，故障排除

故障现象	不能二次开机
维修机型	长虹 PF21156 机型
故障分析	故障可能在：电源电路、超级芯片、待机控制电路、行扫描电路等
检修方法和步骤	❶ 测量 +5V-1 电压为 5V，正常；+3.3V 电压为 3.2V，基本正常。用本机按键和遥控器均不能二次开机，但取下遥控接收组件后，用本机按键可以开机，并使用正常。在开机与不开机情况对比后，测量发现，取下遥控接收组件后，+3.3V 电源由原来的 3.2V 上升到 3.3V。怀疑是供电电压低或电流小引起该故障 ❷ 将 R565（1/6W/1kΩ）改为 1/4W/680Ω 电阻，提升待机时 3.3V 电源电压。几个月后，回访用户，故障排除
总结	实际维修中发现，超级芯片 TDA9370、TDA9383 和 TDA9373 的 +3.3V 电源在 3.1V 以上均可正常开机，OM8370 或 OM8373 的 +3.3V 电源如低于 3.3V 将出现开机困难的问题，这时我们只需将 +3.3V 供电在开 / 待机状态下控制在 3.3 ～ 3.6V 之间即可

故障现象	全无
维修机型	长虹 SF2111 机型
故障分析	故障可能在：电源电路、超级芯片、行扫描电路等
检修方法和步骤	❶ 测量开关电源各组输出电压基本正常 ❷ 测量行管集电极电压为 0V，测量行输出供电限流电阻 R490 两端对地电压，其中一端为 115V，而另一端为 0V，故判断 R490 开路 ❸ 限流电阻烧毁后，怀疑后级有短路现象存在，经检查没有发现短路现象。更换 R490，故障排除

故障现象	水平一条亮线
维修机型	长虹 SF2111 机型
故障分析	"水平一条亮线"故障范围应在场扫描电路，该机型属于 CH-16A 机芯，场扫描电路采用 TDA8356 厚膜，主要应检查这部分电路
检修方法和步骤	❶ 测量 TDA8356 的 3 脚供电电压为 0V，表明供电电压没有加上。测量 +16V 电源输出端电压正常，继而检查发现 R401（1Ω）开路 ❷ 检查其他元件，没有发现问题。更换 R401，故障排除
总结	若供电电压正常，可检查 VD402 是否击穿短路、7 脚至场偏转线圈至 4 脚间是否断路，经过上述检查还没有发现、排除故障，则一般需更换 TDA8356

故障现象	场幅异常，即上部出现压缩且有回扫线
维修机型	长虹 SF2111 机型
故障分析	"场幅异常"故障范围应在场扫描电路，该机型属于 CH-16A 机芯，场扫描电路采用 TDA8356 厚膜，主要应检查这部分电路

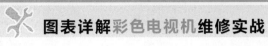

检修方法和步骤	① 首先进入调整状态，经调整场幅数据后不能排除故障，重新返回原数据。表明不是总线数据问题 ② 测量 TDA8356 的 3 脚供电电压为 16V，正常；测量 6 脚供电电压为 38V（正常为 45V），偏低。继续检查发现 6 脚外接的电容 C404 已无容量 ③ 更换电容 C404，电压恢复正常，故障排除
总结	与此故障现象相同的原因还有：TDA8356 本身损坏；R401 阻值变大，造成场幅增大；R406(2.2Ω)、R405(2.2Ω) 之一阻值增大或断路，造成场幅缩小；场偏转线圈损坏，造成场幅缩小等

故障现象	图像光栅暗，进入菜单时呈黑屏
维修机型	长虹 SF2915 机型
故障分析	该机器开机后有极其暗淡的彩色图像，将亮度及对比度调到最大时，图像也很暗，而且进入菜单状态或调整音量时呈现黑色屏幕现象，只有当菜单或音量字符消失后才会出现暗淡的图像，因此应主要检查亮度通道
检修方法和步骤	① 测量加速级电压为 350V 左右，基本正常。接着检测视放电路也正常 ② 测量 TDA9383 的 50 脚黑电流检测输入端，电压为 5.6V，也正常，相关电路也基本正常 ③ 测量 TDA9383 的 49 脚自动亮度控制电压为 1.3V，正常值应为 3～4V，这部分电路有异常。为了能迅速判断 ABL 电路是否有故障，将 49 脚与 ABL 电路断开。断开后开机图像亮度恢复正常，再测 49 脚电压已恢复到 3.2V，由此判断故障为 ABL 电路异常造成 ④ 查 ABL 相关电路 C486、V485、R485、R482、R481、C481，发现 R782 开路。更换 R782，故障排除

故障现象	搜台速度慢，且只能接收几个节目
维修机型	长虹 PF2986 机型
故障分析	图像行场均不同步，怀疑同步分离、鉴相器电路工作不正常。
检修方法和步骤	① 因接收的节目都是每个波段的前几个频道，故首先测量高频头的调谐端子（VT）电压。在搜台时，该电压只在 1～5.5V 之间变化，明显不正常 ② 检查调谐供电电路，测量 VD451 负极电压为 +45V，正常；但经过电阻 R001 后，电压只有 5.5V（正常值应为 32V）。最后查得稳压管 VD001 击穿。更换稳压管，故障排除

故障现象	无伴音
维修机型	长虹 SF2111 机型
故障分析	该机采用的伴音功放集成电路是 TDA8943，首先要判断其工作是否正常，然后逐步缩小故障范围

续表

检修方法和步骤	① 测量 2 脚供电电压为 12V，正常 ② 开机，从 TDA8943 的 5 脚注入感应信号，无反应，测其对地电阻已短路 ③ 拆下 TDA8943，发现其 5 脚、6 脚间已炸裂，表明内部已经损坏 ④ 仔细检查 TDA8943 外围元件，发现 6 脚外接电容 C605 有脱焊现象，进行补焊 ⑤ 更换良品 TDA8943，试机，故障排除

故障现象	行场均不同步
维修机型	长虹 PF2998 机型
故障分析	图像行场均不同步，怀疑同步分离、鉴相器电路工作不正常
检修方法和步骤	① 测量超级芯片 16 脚、17 脚外接锁相环滤波电路，16 脚电压基本正常，而 17 脚电压为 2.6V，检测发现电容 C158 漏电 ② 更换电容 C158，故障排除

故障现象	图像有偏移，个别台转换时伴音呜呜响
维修机型	长虹 PF2939 机型
故障分析	此种情况表明调谐电路及相关电路有故障
检修方法和步骤	① 开机，首先测高频头各脚电压。在出现故障时，VT 脚有零点几伏的变化，更换高频头后故障未排除 ② 检测 VT 调谐电压形成电路，各元件均正常，未出现元件变质及短路现象。逐一代换调谐电压形成电路各电容时，当换至 C009（470nF）时，故障排除

附录

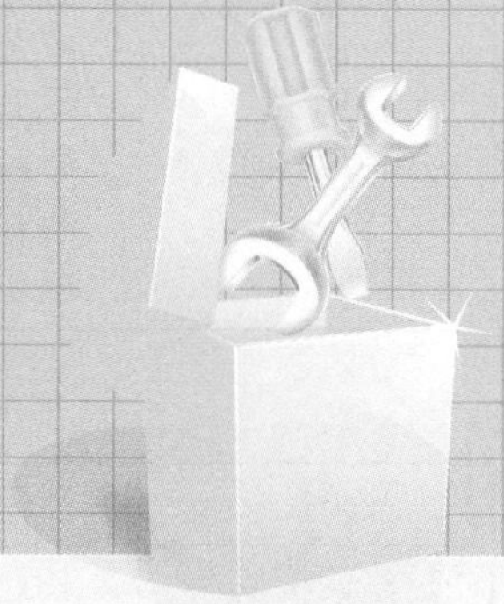

附录 1　开关电源厚膜引脚功能和维修数据资料

（1）KA5Q1265RF

脚号	符号	功能	对地电压 /V	在路电阻 /kΩ	
				正向	反向
1	DRAIN	内部场效应管漏极	270	∞	3.8
2	GND	内部场效应管源极（通常接地）	0	0	0
3	VCC	电源输入与供电检测	16	∞	3.2
4	FB	稳压与反馈信号输入	1.0	200	5.6
5	SYNC	同步触发信号输入	6.3	31	5.2

KA5Q1265RF 是美国仙童公司生产的电源厚膜电路

（2）STR-F6656

脚号	符号	功能	对地电压 /V
1	FB/OCP	稳压控制 / 过电流	0.3
2	SOURCE	开关管源极	0
3	DRAIN	开关管漏极	320
4	VCC	小信号工作电源	17.3
5	GND	接地	0

（3）STR-G9656

脚号	符号	功能	对地电压 /V
1	DRAIN	内部开关管漏极	286
2	SOURCE	内部开关管源极	0
3	GND	接地	0
4	VCC	电源供电	19.0
5	OCP/FB	过电流检测、稳压控制输入	2.2
STR-G9656 是日本三肯公司生产的电源厚膜			

（4）KA5Q0765RT

脚号	符号	功能	对地电压 /V	在路电阻 /kΩ	
				正向	反向
1	DRAIN	内部场效应管漏极	300	100	∞
2	GND	内部场效应管源极（通常接地）	0	0	0
3	VCC	电源输入	23.0	4.0	100
4	FB	反馈信号输入（通常接光耦合器）	1.1	9.5	200
5	SYNC	同步信号输入	4.7	0.5	0.6
KA5Q0765RT 是美国仙童公司生产的电源厚膜电路					

（5）KA3S0680R

脚号	符号	功能	对地电压 /V
1	DRAIN	内置功率开关管漏极	300
2	GND	接地	0
3	VCC	电源供电和供电检测	20.0
4	FB	稳压控制信号输入	1.8
5	VS/S	同步触发脉冲输入	7.1
KA3S0680R 是美国仙童公司生产的电源厚膜电路			

（6）SMR62000

脚号	符号	功能	对地电压 /V	
			开机	待机
1	POWER LIMIT	生产功率限定脉冲输入	0.7	0.4
2	MOSGATE	内接开关管的栅极，外接启动、激励电路	0.8	0.7
3	MOSDRAIN	内接开关管的漏极，外接开关变压器	302	310
4	MOSSOURCE	内接开关管的源极，外接过电流保护电路	0.05	0
5	VO CONT	稳压控制信号输入	0.15	0.35
SMR62000 是三星公司生产的电源厚膜电路				

221

（7）TEA1507P

脚号	符号	功能	对地电压 /V	
			开机	待机
1	VCC	供电电源	15.2	15.1
2	GND	接地	0	0
3	CTRL	控制输入	1.7	2.1
4	DEM	退磁、过电压、过负载保护输入	0.32	0.12
5	ISENSE	电流检测输入	0.12	0.08
6	DRIVER	激励脉冲输出	2.9	0.11
7	HVS(NC)	空脚，高压隔离	0.12	0.11
8	DRAIN	MOS 开关管 D 极	299	310

（8）TDA4605

脚号	符号	功能	对地电压 /V	
			开机	待机
1	V2	稳压控制信号输入	0.5	0.4
2	I1	一次电流输入	1.2	1.1
3	V1	一次电压检测输入	2.4	2.5
4	GND	接地	0	0
5	OUT	激励脉冲输出	2.6	0.8
6	VS	启动电源及电源检测信号输入	11	9.8
7	SOFA	软启动外接充电电路	1.4	0.9
8	FB	振荡器反馈输入	0.5	0.4

（9）TDA16846

脚号	符号	功能	对地电压 /V（康佳 T3498K 机型）	
			开机	待机
1	OTC	断路时间控制	2.7	2.6
2	PCS	一次电流检测	1.6	1.5
3	RZI	过零检测输入	1.7	0.8
4	SRC	软启动输入	5.6	5.6
5	OCI	光耦合输入	2.4	1.6
6	FC2	故障比较器 2	0	0
7	SYN	固定 / 同步输入	5.6	5.6
8	NC	空脚	0	0
9	REF	参考电压 / 电流	5.6	5.6
10	FC1	故障比较器 1	0	0
11	PVC	一次电压检测	4.1	4.2

脚号	符号	功能	对地电压 /V（康佳 T3498K 机型）	
			开机	待机
12	GND	接地	0	0
13	OUT	输出驱动	2.2	1.0
14	VCC	电源	13.2	12.2

（10）TNY253P

脚号	符号	功能	对地电压 /V
1	BP	旁路与反馈	6.1
2	SOURCE	内部场效应管源极	0
3	SOURCE	内部场效应管源极	0
4	EN/UV	稳压控制端	1.2
5	DRAIN	内部场效应管漏极	300
6	SOURCE	内部场效应管源极	0
7	SOURCE	内部场效应管源极	0
8	SOURCE	内部场效应管源极	0

（11）MC44608P75

脚号	符号	功能	对地电压 /V（TCL 2916D 机型）	
			开机	待机
1	DEMAG	去磁、退耦	0.9	0.05
2	ISENSE	过电流保护	0.1	0.5
3	GONTROLINPUT	控制信号输入	5.1	4.9
4	GND	接地	0	0
5	DRIVE	控制管开关	0.4	0.02
6	VCC	工作电压	0.2	7.8
7	NC	空脚	—	—
8	VI	外接 500V 电压	13	13

（12）STR-W6856/W6854

脚号	符号	功能	对地电压 /V（TCL S22 机型）
1	D	内部 OMS 管漏极	284
2	NC	空脚	—
3	S/GND	内部 MOS 管源极 / 接地	0
4	VCC	启动与工作电源输入	18
5	OCP/BP	软启动与过电流保护	0.03
6	FB/OLP	误差电压输入与间歇振荡控制	5.78
7	RTFC	过电流反馈与导通时间调整	3.17

（13）STR-S6709/S678A

脚号	符号	功能	对地电压 /V（TCL 2908 机型）	
			开机	待机
1	C	内部大功率开关管集电极	295	31
2	E	内部大功率开关管发射极	0	0
3	B	内部大功率开关管基极	0.4	0.1
4	SINK	启动电流反馈输入	0.5	0.1
5	DRIVE	启动电流输出	0	0
6	OCP	过电流保护检测	0	0
7	F/B	稳压控制输入	0	0
8	INB	延迟导通控制输入	−0.5	−0.2
9	YIN	启动、工作电压输入	−0.75	−0.7

（14）NCP1207

脚号	符号	功能	对地电压 /V（创维 4T60 机型）
1	DMG	零电流检测和过电压保护输入	1.9
2	FB	电压反馈信号输入	0.7
3	CS	电流检测输入识别，间歇周期确定	0.2
4	GND	控制电路接地	0
5	DRV	PWM 驱动脉冲输出	1.6
6	VCC	控制电路电源供电端	13
7	NC	空脚，增强 6 脚与 8 脚绝缘	0
8	HV	高压驱动输入，提供 7mA 电流	203

附录 2　部分彩色电视机图纸

扫描下方二维码，可获取部分彩色电视机大图。

参 考 文 献

[1] 王学屯 . 跟我学修彩色电视机 . 北京：人民邮电出版社，2010.

[2] 孙铁刚 . 超级数码彩电开关电源速修图解 . 北京：机械工业出版社，2012.

[3] 张晓红 . 彩色电视机原理与维修技术 . 北京：电子工业出版社，2010.

[4] 杨成伟 . 教你检修超级芯片彩色电视机 . 北京：电子工业出版社，2008.

[5] 张庆双 . 新型超级芯片彩色电视机检修指南 . 北京：机械工业出版社，2008.

[6] 温新权，廖贵成 . 数码彩色电视机维修技能与实践 . 北京：电子工业出版社，2010.